大数据应用与技术丛书

数据科学实战入门

使用 Python 和 R

[法] 尚塔尔·D·拉罗斯(Chantal D. Larose)
丹尼尔·T·拉罗斯(Daniel T. Larose)　　　著

王海涛　宋丽华　邢长友　　　　　译

清华大学出版社

北　京

北京市版权局著作权合同登记号　图字：01-2019-4943

Chantal D. Larose, Daniel T. Larose

Data Science Using Python and R

EISBN：978-1-119-52681-0

图书在版编目(CIP)数据

数据科学实战入门：使用Python和R/(法)尚塔尔・D・拉罗斯(Chantal D. Larose)，(法)丹尼尔・T・拉罗斯(Daniel T. Larose) 著；王海涛，宋丽华，邢长友 译. —北京：清华大学出版社，2020.6

(大数据应用与技术丛书)

书名原文：Data Science Using Python and R

ISBN 978-7-302-55379-3

I.①数… II.①尚… ②丹… ③王… ④宋… ⑤邢… III. ①软件工具—程序设计 ①程序语言—程序设计 IV.①TP311.561 ②TP312

中国版本图书馆 CIP 数据核字(2020)第 070586 号

责任编辑：王　军
装帧设计：孔祥峰
责任校对：牛艳敏
责任印制：宋　林

出版发行：清华大学出版社
　　　　　网　　　址：http://www.tup.com.cn, http://www.wqbook.com
　　　　　地　　　址：北京清华大学学研大厦 A 座　　　　邮　　编：100084
　　　　　社 总 机：010-62770175　　　　　　　　　　邮　　购：010-62786544
　　　　　投稿与读者服务：010-62776969, c-service@tup.tsinghua.edu.cn
　　　　　质 量 反 馈：010-62772015, zhiliang@tup.tsinghua.edu.cn
印 装 者：小森印刷霸州有限公司
经　　销：全国新华书店
开　　本：170mm×240mm　　印　　张：15.75　　字　　数：340 千字
版　　次：2020 年 7 月第 1 版　　印　　次：2020 年 7 月第 1 次印刷
定　　价：69.80 元

产品编号：083301-01

译 者 序

进入 21 世纪以来，信息技术的发展突飞猛进，人类从信息时代步入数字时代，又马不停蹄地进入了数据时代。自 2008 年大数据被业界正式提出后，围绕大数据的科学研究和产业应用如火如荼，快速实现了从名词炒作到应用落地，数据采集、数据处理、数据建模、数据分析和数据可视化等大数据相关技术在越来越多的行业中得到了广泛研究和普遍应用。与此同时，我国政府高度重视大数据的理论研究和产业应用，并大力支持高校开设大数据科学与技术相关学科专业，以应对持续井喷的大数据人才需求。译者作为这一伟大时代的普通见证者和实践者，深深感到大数据技术将在未来的数据时代和人工智能时代发挥举足轻重的作用。

大数据不仅是一项技术，又是一门理论和实践性都很强的学科，更是一种创新性思维和理念。大数据行业不仅需要低端的数据标注师，也需要中端的数据工程师和数据分析师，还需要处于大数据人才结构最顶层的数据科学家。遗憾的是，数据科学家的培养绝非一蹴而就，需要经过大量的系统学习和专业培训。最近几年，大数据相关的书籍层出不穷、琳琅满目，有针对管理人员的大数据思维类图书，有面向高校学生的大数据技术原理类图书，还有面向企业技术人员的大数据实践实训类图书。诚然，这些图书中不乏概念清晰、思路新颖、内容全面的好书，但市场上真正能够很好地将理论、技术、工具和实际应用紧密融合的大数据图书少之又少。

本书的两名作者是大数据业界的知名专家学者，也是一对令人敬仰和羡慕的父女搭档，他们对大数据理论技术和行业应用有着深刻独到的理解。针对大数据业界人才培养的痛点，本书在讲透大数据科学基本原理的同时，非常重视面向实际问题的实战教学，希望借助当前世界上最流行、最好用的两大开源数据科学工具——Python 和 R 语言，来解决可能遇到的各种数据科学问题，这无疑有助于提高有志于大数据研究和应用的广大读者在这个前沿领域的专业技能。正如本书作者所言，通过本书，读者将亲身体验使用业界最先进的技术来逐步寻求针对实际业务问题的解决方案。换句话说，读者将通过数据科学的亲手实践来认识、学习和研究数据科学。另一方面，本书作者通过生活中的实际案例，将复杂枯燥的数据问题转化为有趣易懂的实践操作，对读者的专业背景要求较低，因而有着较广泛的受众群体。此外，本书作者精心组织内容，并提供了翔实的学习指导和大量配套习题，很适合作为高职高专或本科高校教材使用，教师可以针对不同层次和不同专业的学生合理选取教学内容。

本书译者王海涛、宋丽华和邢长友均来自南京高校，长期从事信息技术领域的教学和科研工作，在计算机网络、大数据和系统分析等领域有较深入的研究，并翻译出版过多本专业技术类图书，保证了本部译著的质量。在翻译图书的过程中，南京审计大学金审学院和陆军工程大学的各级领导为译者提供了许多帮助。此外，清华大学出版社的王军编辑也为本书的翻译出版付出了大量心血，在此一并表示感谢！

由于译者水平有限，难免存在翻译上的纰漏和理解上的偏差，希望广大读者批评指正。最后，真诚希望本书的出版能为我国的大数据人才培养和大数据行业发展提供一点帮助，为我国的科技进步尽绵薄之力。

译者 王海涛

作者简介

本书的两位作者 Chantal D. Larose 博士和 Daniel T. Larose 博士是一对罕见的父女数据科学家。本书是他们合著的第三本书，在此之前他们还共同编写了如下两本图书：

- *Data Mining and Predictive Analytics*, Second Edition, Wiley, 2015

这是一本非常适合作为本书参考书的著作，通过本书可以深入研究数据挖掘和预测分析。

- *Discovering Knowledge in Data: An Introduction to Data Mining*, Second Edition, Wiley, 2014

Chantal D. Larose 于 2015 年在康涅狄格大学取得统计学博士学位，博士论文是 *Model-Based Clustering of Incomplete Data*。作为纽约州立大学新帕尔兹分校决策科学系的助理教授，她曾帮助学校创立了商务分析学理学学士学位。现在，作为东康涅狄格州立大学统计学与数据科学系的助理教授，她正在参与开发数据科学系的数据科学课程。

Daniel T. Larose 于 1996 年在康涅狄格大学取得统计学博士学位，其博士论文题目是 *Bayesian Approaches to Meta-Analysis*。他是中央康涅狄格州立大学统计学和数据科学系的教授。2001 年，他设立了世界上第一个数据挖掘方向的线上理学硕士学位。本书是他编写或合著的第 12 本书。他经营一家名为 DataMiningConsultant.com 的小型咨询公司。他还负责指导 CCSU 大学的线上数据科学硕士学位项目。

致 谢

Chantal 的致谢

最诚挚的感谢献给我的父亲 Daniel，感谢他校对书稿时孜孜不倦和连珠妙语。他对本书编写的指导和热情感染我并提高了图书编写质量，我和他一起工作是一种享受。还要多多感谢我的小妹妹 Ravel，她对我充满无限的爱，并且她具有不可思议的音乐和科学天赋。她是我的同路人，并给予我写作灵感。感谢我的弟弟 Tristan，他在学校里勤奋刻苦。感谢我的母亲 Debra，感谢她对我无微不至的关爱。当然，还要感谢伴我写作的良友——咖啡。

Chantal D. Larose 博士
统计学与数据科学系的助理教授
东康涅狄格州立大学

Daniel 的致谢

我的所有感谢都是针对本人家庭的。我首先要感谢我的女儿 Chantal，感谢她极具洞察力的头脑、温柔的外表以及她每天带给我的快乐。感谢我的女儿 Ravel，感谢她的独特品质，她有勇气追随她的梦想并成为一名化学家。感谢我的儿子 Tristan，他具有数学和计算机方面的天赋，并且他在后院帮我清理石头。最后，感谢我亲爱的妻子 Debra，感谢这些年来她对我们一家人的深情关爱。我非常爱所有家人。

Daniel T. Larose 博士
统计学和数据科学系的教授
中央康涅狄格州立大学

序　言

为什么要阅读本书

原因之一：数据科学非常热门。数据科学现在确实炙手可热。彭博社称数据科学家为"美国最热门的职业"；商业内参称其为"目前美国最棒的工作"；Glassdoor.com 连续三年将其评为 2018 年全球最佳职位；哈佛商业评论称数据科学家为"21 世纪最光彩夺目的职业"。

原因之二：两大最流行的开源工具。Python 和 R 语言是世界上最流行的两个开源数据科学工具。世界各地的分析师和程序员协作开发了大量数据分析软件包，提供给 Python 和 R 用户免费使用。

《数据科学实战入门　使用 Python 和 R》一书将使用世界上应用最广泛的开源分析工具来培养你在这个前沿领域的专业技能。在本书中，你将亲身体验使用业界最先进的技术来逐步寻求针对实际业务问题的解决方案。简而言之，你将通过数据科学实践来学习数据科学。

本书适用于初学者和非初学者

《数据科学实战入门　使用 Python 和 R》一书是为普通读者编写的，读者不必具备数据分析和编程经验。我们知道，信息时代的经济正在驱使许多英语专业和历史专业的学生重新调整知识结构，以把握数据科学家巨大的市场需求的机会[1]。正是基于这种考虑，我们在本书提供了如下素材以帮助那些刚接触数据科学的读者能够快速入门。

- 专门为初学者编写了一章来学习 Python 和 R 的基础知识。初学者可以了解使用什么样的平台，下载哪些软件包以及了解入门阶段需要掌握的各种内容。
- 提供了附录 A "数据汇总与可视化"，专门用于填补读者在数据分析入门知识学习中存在的各种漏洞。附录 B "参考文献"扫描封底二维码获取。

---

1 例如，2017 年 5 月 IBM 公司预测，到 2020 年底对"数据科学家、数据开发人员和数据工程师"的年需求岗位将达到近 70 万个。

- 遍及全书的分步指导，每个步骤都提供了详细说明。
- 每章都有针对性的练习，可以通过练习检查自己的理解程度和学习进展情况。

对于那些有数据分析或编程经验的读者而言，他们将享受一站式学习如何使用 Python 和 R 进行数据科学实践的机会。无论是企业经理、信息总监(CIO)，还是首席执行官(CEO)和财务总监(CFO)，他们都乐意与数据分析师和数据库分析人员进行更好的沟通。本书重点强调要准确核算数据模型成本，这将有助于每个读者从庞杂的数据中发掘最有价值的知识，同时避免可能使贵公司蒙受数百万美元损失的潜在陷阱。

此外，《数据科学实战入门　使用 Python 和 R》一书涵盖了如下一些令人兴奋的新主题：

- 随机森林
- 广义线性模型
- 用于提高利润的数据驱动的错误成本

本书中使用的所有数据集都可扫描封底二维码获取。

《数据科学实战入门　使用 Python 和 R》一书可作为教材使用

《数据科学实战入门　使用 Python 和 R》一书很适合作为教材使用，既可以用于一学期的入门级课程教材，也可以用于两学期的入门和提高级系列课程教材。指导教师将会受益于每章末尾提供的练习，本书中总共有 500 多道习题。有三类习题，从对基本知识理解的测试到对新的具有挑战性的应用问题的更实际的分析。

- 概念辨析题。这些练习用于测试学生对书中基本知识的理解，以确保学生已掌握了所学习的内容。
- 数据处理题。这些应用类练习要求学生按照各章中给出的分步说明，使用 Python 和 R 处理数据。
- 实践分析题。这是学生在学习过程中真正需要学到的内容，学生将会使用新近掌握的知识和技能来发现新数据集中的潜在模式和趋势。学生将在接近实际的环境中培养他们的专业技能。本书中一半以上的练习都是实践分析类习题。

下面的一些补充材料也可以免费提供给本书的指导教师。

- 完整的解决方案手册。该手册不仅提供习题答案，还给出了详细的题解说明。
- 书中每章的幻灯课件。这些课件不仅便于学生阅读，还有助于学生理解书中的内容。

若想获取这些资料，可以联系当地 Wiley 出版社的销售代理，请求他们邮寄资料，前提是你必须选用本书作为教材。

《数据科学实战入门 使用 Python 和 R》一书适合本科高年级学生或研究生，学生不需要掌握统计学、计算机编程或数据库专业知识，唯一的要求是学生的上进心。

本书内容组织

《数据科学实战入门　使用 Python 和 R》一书基于数据科学方法论进行内容的组织。数据科学方法是一种在科学框架体系内进行数据分析的阶段性、自适应和迭代式方法。

1. 问题理解阶段。 首先，需要清晰地阐明项目目标；然后将这些目标转化为一种可以用数据科学解决的问题。

2. 数据准备阶段。 数据清洗/准备阶段很可能是整个数据科学处理过程中最费力气的阶段。

● 相关内容参见第 3 章："数据准备"。

3. 探索性数据分析阶段。 在此阶段通过图形化探索方法获得对数据的初步认识。

● 相关内容参见第 4 章："探索性数据分析"。

4. 设置阶段。 建立数据模型的性能基准，如果需要，可以对数据进行分割和平衡处理。

● 相关内容详见第 5 章："为建模数据做准备"。

5. 建模阶段。 建模阶段是数据科学研究过程的核心，在此阶段应用各种先进的算法来发现隐藏在数据中的一些确实具有价值的关系。

● 相关内容参见第 6 章以及第 8~14 章。

6. 评估阶段。 确定设计的模型是否有价值，在此阶段需要从一系列可选的模型中选择性能最佳的模型。

● 相关内容参见第 7 章："模型评估"。

7. 部署应用阶段。 在此阶段需要与管理层协作来调整模型以适应实际部署。

目　录

第**1**章

数据科学导引

1.1 为何学习数据科学

数据科学(data science)是当今全球发展最快的研究领域之一,该领域在 2017 年提供的就业机会已是 2012 年的 6.5 倍。预计未来对数据科学家的需求将持续井喷。举例来说,2017 年 5 月 IBM 公司预测,到 2020 年底对"数据科学家、数据开发人员和数据工程师"的年需求岗位将达到近 70 万个。根据 http://Infoworld.com 报告,"数据科学家在美国依然是最高端职业"的一个重要原因是"顶尖人才的短缺"。这正是我们撰写本书的动机——帮助培养合格的数据科学家。

1.2 何为数据科学

简而言之,数据科学就是在科学框架下对数据进行系统的分析。也就是说,数据科学的主要工作包括:
- 数据分析的自适应、迭代和分阶段方法;
- 在系统框架内对数据进行分析;
- 发现最优模型;
- 评估并核算预测误差的实际成本。

此外,数据科学结合了:
- 数据驱动的数据统计分析方法;
- 计算机科学的计算能力和编程活力;
- 领域相关的商务智能。

目的是从庞大的数据库中发掘具有实际操作意义和市场价值的有用信息。

换句话说，数据科学可以帮助人们从现有未充分利用的数据库中提取可操作的知识。因此，现在可以充分利用沉寂已久的数据仓库来发现数据中隐藏的价值并提高人们对数据的认知。通过数据科学，人们能够利用大量数据和强大的计算能力解决复杂的问题，或只有凭借数据的分析才能找到既定模式。这些发现可以带来令人激动的结果，例如对疾病患者进行更有效的治疗或为一个企业创造更多的利润。

1.3　数据科学方法论

遵循数据科学方法论(Data Science Methodology, DSM)[1]，有助于数据分析师了解自身正在执行数据分析的哪个阶段。图 1.1 通过如下几个阶段说明了 DSM 的自适应和迭代特性。

1. 问题理解阶段。开发团队是否经常发现他们之前竭尽全力解决的某个问题并非预期的问题呢？此外，营销团队和分析团队的工作目标是否常常并未达成一致呢？这一阶段我们试图避免这些易犯的错误。

a. 首先，必须清晰阐明项目的目标；

b. 然后，将这些目标转化为一种可以用数据科学加以解决的问题。

2. 数据准备阶段。各种数据来源的原始数据很少能直接用于数据分析算法。相反，原始数据需要被清洗以便执行后续数据分析。当数据分析师首次检查数据时，他们就会发现难以避免的数据质量问题，并且这些问题似乎总会发生。在数据准备阶段，我们需要解决上述问题。数据清洗/准备可能是整个数据科学处理过程中最困难的阶段。下面给出数据准备阶段需要完成的一个非完备的任务清单。

a. 识别异常数据并决定如何处理它们；

b. 对数据进行转换和标准化；

c. 对类别变量重新分类；

d. 对数值变量进行分箱处理；

e. 添加索引字段。

---

1 改编自数据挖掘的跨行业标准实践(Cross-Industry Standard Practice for Data Mining, CRISP-DM)。

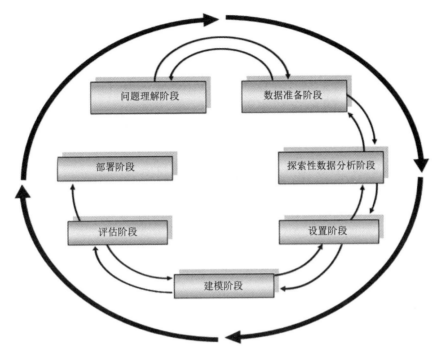

图 1.1　数据科学方法论：7 个阶段

数据准备阶段的详细内容参见第 3 章。

3. 探索性数据分析阶段。 到这一阶段，待处理数据已变得干净且整齐，现在可以开始探索数据并试图获取一些基本信息。在此关注图形化数据探索。现在还不是应用复杂算法的时候，相反我们希望使用简单的探索方法帮助我们获得一些对数据的初步认识。在这一阶段，你很可能会发现只需要使用这些简单的方法，就能获悉很多信息。下面列出一些可供采用的方法。

a. 探索自变量与目标变量之间的一元关系；

b. 探究变量之间的多元关系；

c. 基于预测值的分箱以增强数据模型；

d. 根据现有变量的组合导出新变量。

我们将在第 4 章中阐述探索性数据分析阶段。

4. 设置阶段。 此时，我们已基本为开始数据建模做好了准备。在这一阶段，我们还需要先处理少量重要且烦琐的事务，例如：

a. 交叉验证，可以是 2 折或 n 折，这对于避免数据疏浚是必需的。此外，还需要对数据的划分进行评估，以确保它们确实是随机的。

b. 平衡数据。这有助于提高某些算法揭示数据中所蕴含关系的能力。

c. 建立性能基准。假设曾告知你我们有一个模型能够以99%的概率正确预测某一信用卡交易是否存在欺诈，你是否会感到吃惊呢？你应该不会，由于实际上非欺诈性的交易概率为99.932%。因此，我们的模型可以简单地预测每一笔交易都是非欺诈性的，并且该模型的正确率可达99.932%。这一事例说明了为数据模型建立适当性能基准的重要性，以便可以校准模型并确定它们是否有用。

第5章将对设置阶段加以介绍。

5. 建模阶段。在建模阶段将有机会应用各种先进的算法发现隐藏在数据中的一些确实具有价值的关系。建模阶段是对数据进行科学研究的核心，包括以下内容：

a. 选择和实施适当的建模算法。技术应用不当将导致不准确的分析结果，这可能会使你的公司损失大笔资金。

b. 确保我们采用的模型优于基准模型。

c. 对模型算法进行微调以优化结果。例如，是否应该加宽或加深我们的决策树？我们的神经网络应该含有一个还是两个隐藏层？最大化我们收益的临界点应该是什么？分析师往往需要花费一些时间对他们的模型进行微调，以便得到最佳的解决方案。

建模阶段是数据科学工作的核心，将在第6章和第8~14章进行详细介绍。

6. 评估阶段。你的同事可能觉得他对超级碗比赛的预测很有把握，但是他的预测究竟有用吗？这确实是一个问题。任何人都能做出预测，但是预测相对于实际数据的表现确实是真正的测试。在评估阶段，我们评价我们的模型的运行情况，模型是否有价值，或者我们是否需要返工并设法改善我们的预测模型。

a. 需要根据源自设置阶段的性能基准度量对你的模型进行评估。我们是否优于猴子投掷飞镖模型呢？如果没有，最好再尝试改进一下模型。

b. 需要确定你的模型是否真正解决了手头的问题。你的模型实际上是否达到了之前在问题理解阶段为其设定的目标？是否没有充分考虑待解决问题的某些重要方面呢？

c. 考虑数据固有的错误代价，因为数据驱动的成本评估是模拟实际成本的最佳方法。例如，在市场营销活动中，假阳性的代价不如假阴性的代价高。然而，对于抵押贷款机构来说，假阳性将付出高昂的代价。

d. 你应该定制一系列模型，并确定表现最好的模型。选择单个最佳模型或少量较优模型，然后进入部署阶段。

第7章将介绍评估阶段。

7. 部署阶段。至此，你的模型终于为部署应用的黄金时段做好了准备！向管理层上报你的最佳模型，并与管理层协作来调整模型以适应实际部署。

a. 编写一份结果报告可视为一个最简单的部署使用示例。在你的报告中，重点描述管理层感兴趣的结果，要向管理层表明你解决了问题，并且尽可能说明预估的收益。

b. 你应继续参与之前的项目！参与模型部署使用中涉及的各种会议和流程，以便使模型始终致力于解决手头的问题。

应该强调的是，DSM 是迭代和自适应的。所谓自适应，我们意指为了执行后续工作，有时根据当前阶段获得的一些知识，我们认为有必要返回之前的某个阶段。这也正是在图 1.1 中为什么大多数阶段之间都存在双向箭头的原因。例如，在评估阶段，我们可能会发现我们创建的模型实际上并没有解决最初提出的问题，那么就需要返回到建模阶段开发一个能胜任的模型。

此外，DSM 是迭代式的，因为有时可以利用我们在类似问题上的经验来构建一种有效的模型。也就是说，我们创建的模型可以用于调查相关问题的起点。这也正解释了图 1.1 中的外层一圈箭头展现了通过已有模型的持续循环，用于考察针对新问题的新解决方案。

1.4　数据科学任务

下面列出了一些最常见的数据科学任务：

- 描述
- 估计
- 分类
- 聚类
- 预测
- 关联

接下来，将说明每个任务的具体内容以及在哪些章节介绍这些任务。

1.4.1　描述

数据科学家最常见的一项任务就是描述隐含在数据中的模式和趋势。举例来说，数据科学家会将最可能放弃我们公司服务的客户群体描述为拨打客户服务电话次数较多且占线时间较长的那组客户。在描述了这类客户群体之后，数据科学家会解释说拨打客户服务电话次数较多意味着客户不满意。因此，通过与营销团队合作，数据分析师可以建议应该采取的干预措施以设法挽留此类客户。

数据描述任务在世界各地被专家和非专业人十广泛使用。例如，当体育播音员评论一名棒球运动员职业生涯中的平均击球率(击中数/击打数)为 0.350 时，他描述的是该运动员的职业生涯的击球表现。这是描述性统计的一个例子[1]，在 "附录 A：数据汇总与可

---

1 参阅 *Discovering Statistics*, Daniel T. Larose, W.H. Freeman，2016。

视化"中可以找到更多的示例。此外，本书中几乎每一章都包含描述任务的例子，包括第 4 章中的图形化 EDA 方法、第 10 章中的数据聚集描述以及第 11 章中的二元关系。

1.4.2　估计

估计就是指使用一组自变量粗略估算数值目标变量的值。估计模型是使用目标值已知的记录建立的，因此该模型不仅能够获悉哪些目标值与自变量的值相关联，而且该估计模型可以估计未知的新数据的目标值。例如，数据分析师可以根据一组个人和人群的统计数据，估算可以为某个潜在客户提供的抵押贷款金额。这种估计的模型是基于调研之前的为客户提供贷款数额的模型构建的，这种估计要求目标变量是数值型的。估计方法的具体内容参见第 9 章、第 11 章和第 13 章。

1.4.3　分类

分类与估计有些类似，区别在于其目标变量是离散的而不是连续的。分类很可能是数据科学中最常见的任务，也是最容易盈利的任务。例如，抵押贷款机构希望了解哪些客户有可能会拖欠抵押贷款，这种情况也同样适用于信用卡公司。分类模型可以显示包含既有客户实际违约状态的大量完整记录。因此，模型可以学习到哪些属性与违约的客户相关联。最后，可以将这些经过训练的模型应用到新的数据中，即申请贷款或信用卡的客户，期望这些模型有助于甄别哪些客户最可能拖欠贷款。分类方法详见第 6、第 8、第 9 和第 13 章。

1.4.4　聚类

聚类任务旨在识别相似的记录组。例如，在一组信用卡申请人的数据中，一个聚类(或一组数据)可能代表较年轻、受教育程度较高的客户，而另一个聚类可能代表较年长、受教育程度较低的客户。聚类的思想是，同一个聚类中的各个记录彼此相似，但不同聚类中的各个记录相差较大。寻找适当的聚类至少在两个方面是有用的：(1)你的客户可能对聚类说明感兴趣，即每组客户特征的详细描述；(2)聚类本身可以用作后续分类或估计模型的输入。第 10 章将介绍聚类方法。

1.4.5　预测

预测任务也与估计或分类相似，只是预测与未来有关。例如，一位金融分析师可能很有兴趣预测未来三个月苹果公司股票的价格。这种预测即代表估计，因为股票价格是一种数值变量，也是一种预测，因为它与未来有关。再举一个例子，药品研制化学家可能会对某一特定成分能否有助于为制药公司研制出畅销的新药品感兴趣。这个例子中既有预测也有分类，因为目标变量是一种"是/否"变量，即表示药物是否能盈利。

1.4.6　关联

关联任务旨在确定哪些属性相互关联，即哪些属性"关系紧密"。数据科学家使用关联方法，试图揭示量化两个或多个属性之间关系的潜在规则。这些关联规则通常采取"先有前提后有结果"的形式，并且包含支持度和信任度测量。举例来说，试图避免客户流失的营销人员可能会发现如下关联规则："如果顾客拨打客服电话超过三次，那么该顾客将流失"。支持度是指规则适用的记录比例，而信任度是指规则执行正确的比例。我们将在第 14 章中讨论关联任务。

1.5　习题

概念辨析

1. 简要说明数据科学的概念。

2. 数据科学涉及哪些研究领域？

3. 数据科学的目标有哪些？

4. 阐述 DSM 的 7 个阶段。

5. 含有一个问题理解阶段可以带来什么好处？

6. 为什么需要数据准备阶段？请说明本阶段需要处理哪三个问题。

7. 在哪个阶段数据分析师开始探索数据来了解一些简单的信息？

8. 用自己的话阐明为何需要为我们的模型确立一个性能基准。这一工作出现在哪个阶段？

9. 数据科学研究的核心是哪个阶段？解决一个特定问题为何往往需要采用多种算法？

10. 如何确定我们的预测是否有用？这一决定出现在哪个阶段？

11. 判断对错并解释原因：数据科学家的工作到评估阶段就结束了。

12. 解释 DSM 为何是自适应的。

13. 描述 DSM 的迭代特性。

14. 列举最常见的数据科学任务。

15. 上述数据科学任务中有哪些是许多非专业人士一直都在从事的任务？

16. 什么是数据估计？对于估计而言，目标变量必须满足什么条件？

17. 数据科学最常见的任务是哪一项任务？对于该任务，目标变量需要满足什么条件？

18. 什么是聚类说明？

19. 判断对错并解释原因：预测只能用于离散的目标变量。

20. 对于关联规则而言，支持度代表什么？

第**2**章

Python 和 R 语言基础

2.1 下载 Python

要运行 Python 代码，需要使用 Python 编译器。在本书中，我们将使用包含在 Anaconda 软件包中的 Spyder 编译器。通过下载和安装 Anaconda 软件包，我们将可以同时下载和安装 Python。

若要下载 Anaconda，请浏览 Spyder 安装网页并选择 Windows 或 MacOS X 选项下的 Anaconda 链接。安装完成后，找到 Spyder 程序并打开它。

当你第一次打开 Spyder 时，你将看到如图 2.1 所示的界面。界面左边的方框是编写 Python 代码的地方，我们的大部分时间都会花费在此区域。右上角的方框列出了通过运行 Python 代码创建的数据集和其他项目。右下角的方框显示输出结果，以及任何错误消息或其他信息。

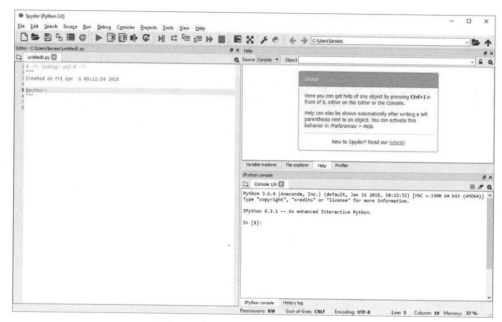

图 2.1　首次运行程序时的 Spyder 窗口

2.2　Python 编程基础

和其他大多数编程语言类似，在 Python 中，你可以运行代码执行某种操作，其中一些操作还会产生输出。在本章中，我们将重点介绍五种操作：使用注释、导入软件包、执行命令、保存输出以及将数据注入 Python 中。

2.2.1　在 Python 中使用注释

注释是编译器不会执行的代码片段。我们为何在程序的开头插入不会运行的程序代码呢？因为注释是任何程序开发项目至关重要的组成部分。

注释是程序员编写的一些代码行，以便其他人更好地理解程序。例如，如果你想说明某段特定代码的作用，你可以在此代码段的开头处添加注释来解释它的功能和执行结果。

我们如何在 Python 中编写注释呢？注释是以#开头的代码行。下面给出注释的一个示例。

```
# This is a comment!
```

2.2.2　在 Python 中执行命令

在 Python 中键入的任何代码都需要运行或执行，然后才能发挥功效。执行代码可以采用几种不同的方法。

最常见的情况是，当光标停留在一行代码上并且此时你希望运行该行代码。Spyder 提供了用于执行一行代码的按钮。此外，还有一个对应的键盘快捷键，如果你将鼠标悬停在该按钮上，就会显示该快捷键(F9)。按钮和悬浮文字如图 2.2 所示。

图 2.2　Spyder 中用于运行选择行或某行 Python 代码的按钮和悬浮文字

你可能希望同时运行多行代码。这种情况下，高亮显示相关行并按下 Run selection or current line 按钮，也可以按键盘快捷键，就可以同时运行所有高亮显示的代码。

你也可以尝试执行注释。如前所述，注释不会编译并且也没有输出。但是，它们将出现在 Spyder 的右下角窗口中。这表明 Spyder 编译器已经查看了注释，尽管编译器在阅读时不需要执行任何操作。

2.2.3　在 Python 中导入软件包

尽管许多工作都可以在 Python 中以"开箱即用"的形式完成，也就是说在下载和安装它之后即可直接执行，但我们要完成的大部分工作都需要导入软件包。这些软件包中包含专门设计的代码，允许我们能够在不编写代码的情况下执行复杂的数据科学任务。例如，在第 6 章中我们需要构建一个分类和回归树(Classification And Regression Tree, CART)模型，我们不必从头开始构建 CART 模型，而只需要导入包含此代码的软件包，一旦导入软件包，我们就可以运行代码创建 CART 模型。

有些命令是专用的，例如 sklearn.naive_bayes 包中的 MultinomialNB()命令(参见第 10 章)。另一方面，还有一些命令在本书的每一章中都会用到，如 pandas 和 numpy 包。要导入这些软件包，只需要键入并运行以下两行代码：

```
import pandas as pd
import numpy as np
```

请注意，我们使用 import 命令导入软件包。那 import 之后的 as pd 和 as np 代码是什么意思呢？as 代码使用可以指定的名称重命名软件包。我们重命名软件包以便更方便地使用它们。

　　若要使用包含在 pandas 和 numpy 包中的命令，我们需要在命令名之前声明包名。例如，在 2.2.4 节中，我们使用 pandas 包中的 read_csv()命令。使用该命令时，我们需要键入 pandas.read_csv()。如果你要多次使用某个特定的命令，或者使用一个具有较长名称的软件包中的代码，那么你将做大量的键盘录入工作！为了减少一些键盘输入，可以给软件包起一个昵称。在上面的例子中，我们使用 as pd 将 pandas 包重命名为 pd，并使用 as np 将 numpy 包重命名为 np。通过这种方法，可以在 2.2.4 节中使用代码 pd.read_csv() 执行 read_csv()命令。长期来看，重命名软件包可以节省大量的键盘录入时间！

　　我们也可以从一个包中导入特定的代码段，而不必导入整个软件包。例如，在第 6 章中，我们将使用 sklearn.tree 包中的 DecisionTreeClassifier()和 export_graphviz 命令。为此，我们将使用如下代码：

```
from sklearn.tree import DecisionTreeClassifier, export_graphviz
```

　　请注意，这里的语法与我们之前导入软件包的方式不同。在此不再用 import sklearn.tree，而是从 from sklearn.tree 命令开始。使用 from 可以告诉 Python 从哪里查找我们需要的命令。在 from sklearn.tree 之后，我们使用 import 指定想要导入的内容。如果只想导入 DecisionTreeClassifier 命令，我们将在该命令名之后结束该行。但是，由于我们想要导入两个命令，因此需要添加一个逗号并继续输入第二个命令的名称 export_graphviz。执行此代码行将会导入这两个命令。

2.2.4　将数据引入 Python

　　现在我们将讨论如何在 Python 中获取数据集。在本书中，我们将使用 read_csv 命令，命令结果如下：

```
your_name_for_the_data_set = pd.read_csv("the_path_to_the file")
```

　　read_csv 命令源自 pandas 软件包。使用 2.2.3 节中的代码，我们将 pandas 包作为 pd 导入。导入 pandas 包后，可以通过键入 pd 使用 read_csv 命令。使用 read_csv()命令时，请键入 pd 然后键入句点，再键入 read_csv 命令。

　　该行代码的后面是包含在双引号中的数据文件的路径。对于许多 Windows 用户而言，路径通常以 C:/开头并以文件名结尾。例如，在第 4 章中，你需要导入 bank_marketing_training 数据集。下面给出了导入该数据集的代码：

```
bank_train = pd.read_csv("C:/.../bank_marketing_training")
```

程序员将用他们自己的文件路径替换上面代码行中的"C:/.../"部分。下面的代码给出了一个导入数据文件的例子。

```
bank_train = pd.read_csv("C:/Users/Data Science/Data/
bank_marketing_training")
```

第 4 章中的 Python 指南告诉读者"将 bank_marketing_training 数据集作为 bank_train 读入"。这样做不仅指定了要导入的数据集，还指定了调用该数据集的名称。要遵循此指导，你应该如上面的代码所示将数据集的名称指定为 bank_train。你要切记将数据集保存为什么名称，并尽量使用相对短的名称。今后当你在程序代码的其余部分想要使用该数据的时候，只需要键入数据保存的名字即可。

2.2.5　在 Python 中保存输出

一些命令会产生将在其他代码行中使用的输出。为在后续代码中使用输出，需要将输出保存为一个命名对象。可采用如下形式的结构保存输出：

```
your_name_for_the_output = the_command_that_generated_the_output
```

你可能会注意到上述结构类似于我们用于导入 bank_marketing_training 数据集的结构。你可能已经正确地推断出，我们使用 read_csv()命令生成了 bank_marketing_training 数据集的"输出"，并且我们将该输出命名为 bank。导入数据集使用了与在特定名称下保存输出相同的编程语法。现在我们将使用一个列联表来说明运行命令且不保存输出与运行命令且保存输出之间的区别。

在第 4 章中，你需要创建一个列联表并保存它，以便使用该表生成一个条形图。创建列联表仅需如下所示的一行代码，并且图 2.3 给出了代码运行结果。

```
pd.crosstab(bank_train['previous_outcome'],
bank_train['response'])
```

如果不保存由 crosstab()命令生成的输出，则生成的列联表将显示在 spyder 中，如图 2.3 所示。在图中，In 表示我们运行的代码，Out 表示得到的输出。

如果我们只想创建一个表，而不在代码中的其他地方使用它，那么这样做就足够了。

但是，我们还希望使用此表制作条形图。因此，我们必须保存这个表。若要保存它，我们为保存的项目添加一个名称，并在生成输出的命令的左侧添加一个等号。Python 代码如图 2.4 所示。

```
In [9]: pd.crosstab(bank_train['previous_outcome'], bank_train['response'])
Out[9]:
response             no    yes
previous_outcome
failure            2390    385
nonexistent       21176   2034
success             320    569
```

图 2.3　在 Python 中创建一个不需要保存输出的列联表

```
In [10]: crosstab_01 = pd.crosstab(bank_train['previous_outcome'], bank_train['response'])

In [11]:
```

图 2.4　在 Python 中创建一个列联表并以名称 crosstab_01 保存输出

```
crosstab_01 = pd.crosstab(bank_train['previous_outcome'],
bank_train['response'])
```

输出名可以是任何字符，但是必须以一个字母(不是数字或符号)开头，并且不能包含句点或除下画线以外的其他特殊字符。在图 2.4 中，我们将列联表命名为 crosstab_01。

注意，图 2.4 中为何没有输出。In 语句从 In[10]跳转到 In[11]，中间不需要指定 Out[10]。Python 将忽略 Out 语句，因为 crosstab()命令生成的输出已保存在 crosstab_01 名称下。

若要查看输出，请独自运行我们给出的输出名称，在本例中就是 crosstab_01。运行结果如图 2.5 所示。

```
In [11]: crosstab_01
Out[11]:
response             no    yes
previous_outcome
failure            2390    385
nonexistent       21176   2034
success             320    569
```

图 2.5　在 Python 中，运行之前保存的输出名 crosstab_01 查看输出

2.2.6　访问 Python 中的记录和变量

在你的数据科学实践中，你可能需要检查一条特定的记录。例如，我们如何访问 bank_train 数据集中的记录？可以使用 loc 属性，所有 pandas 数据帧都有这个属性，该属性用于指明你希望查看数据帧的具体部分。

Python 从记录 0 开始引用它的记录。因此，如果我们想查看第一条记录，就请求记录 0。同样，要查看第二条记录，则请求记录 1，以此类推。举个例子，要查看 bank_train 的第一条记录，可使用如下代码：

```
bank_train.loc[0]
```

使用上面的.loc 属性查看第一条记录将返回该记录的所有变量的值。图 2.6 显示了 bank_train 数据集中第一条记录的前四个变量值。

```
In [30]: bank_train.loc[0]
Out[30]:
age                                 56
job                          housemaid
marital                        married
education                      basic.4y
```

图 2.6　Python 中显示了 bank_train 数据集中第一条记录的变量值(图中给出了前四个变量值)

假如我们希望访问多条记录，该怎么办？我们将使用.loc 属性列出希望查看的记录。如果你希望查看第一行、第三行和第四行记录，可以使用如下代码：

```
bank_train.loc[[0, 2, 3]]
```

如果你希望访问前 10 行记录，则可以使用如下代码：

```
bank_train[0:10]
```

当我们通过数字引用记录行时，我们的列将具有名称。这意味着如果我们希望指定想要查看的变量，我们给出它的名字。

```
bank_train['age']
```

使用一对方括号并将变量名称置于单引号内将返回整个变量。图 2.7 中给出了代码和前四个 age 变量值。

```
In [48]: bank_train['age']
Out[48]:
0    56
1    57
2    41
3    25
```

图 2.7　Python 显示了 age 变量的值(前四个变量值)

如果我们想查看多个变量，该怎么办？我们同样可以使用.loc 属性并列出希望看到的变量。如果我们想查看 age 和 job 变量，则将这两个变量名分别放在一对方括号中的单引号内，并用逗号加以分隔。

```
bank_train[['age', 'job']]
```

执行上述代码的输出如图 2.8 所示。

```
In [49]: bank_train[['age', 'job']]
Out[49]:
        age            job
0        56       housemaid
1        57        services
2        41     blue-collar
3        25        services
```

图 2.8　Python 显示了 age 和 job 变量的值(前四个变量值)

2.2.7　在 Python 中设置图形

在介绍 Python 编程部分的最后，我们还需要解决一个问题：如何在 Python 中获取和调整图形化输出。

默认情况下，Spyder 会在右下角窗口的 IPython 控制台中显示所有图形。图 2.9 给出了一个使用柱状图的图形示例。对于简单图形来说，这些没有编辑选项的简单显示是可以接受的。然而，如果我们将要制作复杂的图形，这将需要进一步的编辑和更丰富的显示。为了使我们能够详细查看和处理图形，我们需要更改 Spyder 的图形设置。

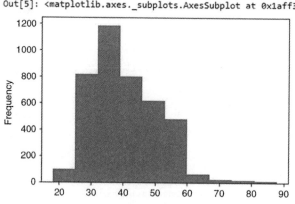

图 2.9　Spyder 输出框中显示柱状图的一个示例

以下步骤只需要执行一次，即可设置我们需要的图形选项：

(1) 在 Spyder 中，单击菜单栏中的 Tools，然后选择 Preferences。

(2) 在 Preferences 窗口左侧的列表中，单击 IPython console。

(3) 在右手边窗口的顶部选择 Graphics 选项卡。

(4) 在 Graphics backend 窗格下，单击 Backend 下拉菜单并选择 Automatic。图 2.10 显示了上述操作中这一时刻的窗口样例。

(5) 在选择了 Automatic 后，单击 Apply 按钮和 OK 按钮。

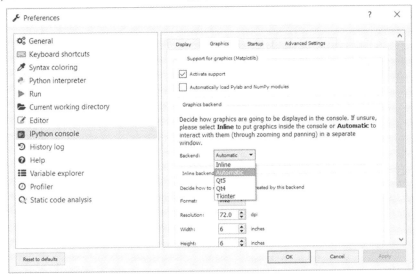

图 2.10　Spyder 中用于更改图形选择的 Perferences 窗口

按上述步骤更改图形选项之后，关闭 Spyder 并重新打开它以使新设置生效。

更改图形后台将会在一个新窗口中打开图形输出。显示图形输出的窗口如图 2.11 所示。除了允许我们更详细地查看图形外，该窗口还提供了几个定制化选项，在本书的其余部分都会用到这些选项。例如，图 2.11 中菜单从右边数第三个选项是一个 Configure subplots(配置子图)按钮，如图中悬浮文本所示。按下此按钮可以使我们更改绘图的边距。右边第二个 Edit Axis(编辑坐标轴)按钮允许我们编辑图形的标题和坐标轴标签。最右边的 Save(保存)按钮用于保存图形。当你使用本书中的代码获得图形输出时，可以随意尝试这些图形设置。

现在，你已经学习了用 Python 编程的核心操作，并且很快就可以成为一名 Python 程序员了！在后续的章节中，我们将介绍更多具体的命令、软件包和输出，并且介绍过程中将给出必要提示和说明。

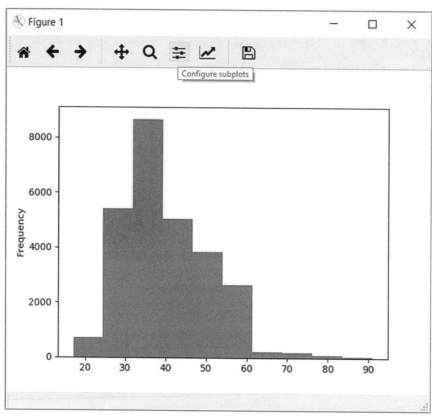

图2.11　Spyder 创建的显示图形输出的新窗口，给出了 Configure subplots 按钮

2.3　下载 R 和 RStudio

现在我们将介绍本书的另一种编程语言。在本节中，像我们之前介绍 Python 那样，将讲解统计编程语言 R 的一些基本知识。在本章乃至全书中，你将发现 Python 和 R 在操作上有很多相似之处，比如保存输出，当然也有许多不同的地方，比如导入软件包。

若想运行 R 代码，需要同时下载 R 和 RStudio。要下载 R，请浏览 R 安装网页，选择一个镜像，然后按照说明下载适合你的操作系统的 R 版本。要下载 RStudio，请转到 RStudio 安装页面，选择适用你的操作系统的下载链接。安装完成后，找到 RStudio 并打开它。

图 2.12 显示了第一次打开 RStudio 时的窗口。如果你打开 RStudio 时发现只有三个面板，请单击 File | New File | R Script 以获得如图 2.12 所示的四个面板。图中左上角的

方框用于输入 R 代码，右上角的方框中包含 Import Dataset(导入数据集)按钮，可以使用该按钮将数据读取到 R 中，该方框中还有 Environment(环境)选项卡，该选项卡将显示在 R 中导入或创建的所有数据集和对象。左下角的方框可以显示文本的输出，以及任何反馈或错误消息。最后，右下角的方框中有许多选项卡。我们的大部分时间将会花费在 Plots(绘图)选项卡上，可以通过该选项卡显示各种图形输出。右下角的方框还包含 Help(帮助)选项卡，适用该选型卡可以快速访问有关 R 命令的文档。

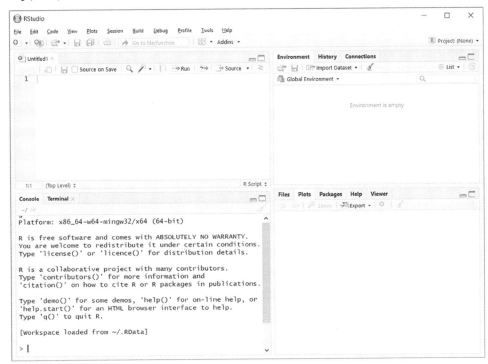

图 2.12　首次打开 RStudio 程序时显示的窗口

2.4　R 语言编程基础

使用 R 和使用 Python 一样，可以执行命令得到输出。你会感觉 R 代码的大部分结构都类似于 Python 代码，但有一些重要的区别。在本节中，我们同样将讨论前面使用 Python 时介绍的五种编程操作，不过这次使用 R：使用注释、导入包、执行命令、保存输出以及将数据获取到 R 中。

2.4.1 在 R 中使用注释

在 R 编程中使用注释和在 Python 编程中一样重要。注释允许你描述代码的功能和其他重要信息。

注释是以#开头的代码行，如下面的代码所示。

```
# This is a comment, and won't be compiled by R!
```

请记住，R 代码将在整本书中以粗体显示。不要害怕在代码中添加注释，尽管本书的示例和练习没有提示这样做。在必要时使用注释，可以使你的程序代码尽可能清晰易懂，便于他人理解！

2.4.2 在 R 中执行命令

你编写的 R 代码需要先被执行，然后才能完成它预期的功能。大多数情况下，你只需要运行一行代码。实现这一点可以采用两种方法。第一，你可以单击 RStudio 窗口左上角面板内的 Run(运行)按钮，这也是在其内键入 R 代码的面板。此外，你还可以使用快捷键，如果将鼠标悬停在 Run 按钮上就会显示该快捷键。适用于 Windows 操作系统的按钮和悬浮文本如图 2.13 所示。

图 2.13　在 RStudio 中运行选定 R 代码或某行 R 代码的按钮和悬浮文本

2.4.3 在 R 中导入软件包

尽管基本的或初始下载安装的 R 包含许多用于数据科学研究的命令，它仍缺少本书中将会用到的一些命令。因此，在整本书中，我们将需要下载并打开一批为 R 专门设计的命令，称为软件包。要使用这些额外的代码，需要执行两个步骤: (1)下载包含所需代码的软件包; (2)打开该软件包。

下面以一个名为 ggplot2 的软件包为例演示这个过程。第 4 章会用到此软件包，因此现在通过导入此软件包为第 4 章的学习做好准备。下载和访问该软件包的两行代码如下所示。

```
install.packages("ggplot2")
```

```
Library(ggplot2)
```

首先，让我们看代码的第一行。下载软件包的命令是 install. packages()。若要下载 ggplot2 包，请将该包的名称置于 install. packages()命令中并加双引号。上面的第一行代码就可以完成这项操作。

如果你是第一次下载软件包，在继续安装之前，你必须选择一个 CRAN 镜像。虽然你可以选择任何一个镜像，但你可能希望选择一个靠近你所处地理位置的镜像。

需要注意的是，你只需要下载软件包一次。安装完软件包后，它就驻留在你的计算机上，随时可以打开该软件包并使用你希望的任何代码。但是，在使用 ggplot2 包中的命令之前，你必须打开它。只要你想使用包中的函数，你就需要这样做。

为此，我们使用上面的第二行代码。打开包的命令是 library()。要打开 ggplot2 包，请将包名放在 library()命令中，但这次不用加引号。上面的第二行代码用于完成此操作。

2.4.4　将数据导入 R

有两种方法可以将数据集导入 R 中：使用 RStudio Environment 选项卡中的 Import Dataset 按钮(我们强烈推荐这种方法！)，或者将文件路径的代码编写到 R 中。

在 R 中获取数据集的最简单方法就是使用 Import Dataset 按钮，它位于 RStudio 右上方窗口的顶部。右上方的窗口如图 2.14 所示，图中选定了 Import Dataset 按钮。选定此按钮将为你提供不同的选项。我们将选择 From Text (base)…作为我们的选项。

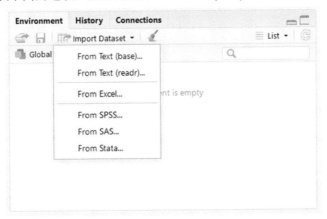

图 2.14　单击 RStudio 中的 Import Dataset 按钮后，会显示一个下拉菜单，从中选择 From Text(base)…选项

选择了 From Text(base)…选项后，将显示一个文件资源管理器窗口。使用该窗口查找你所需的数据集，然后导航到你的数据集并选择 Open 按钮。

在选择了数据集文件并单击 Open 按钮后，会出现一个新的 Import Dataset 窗口。这个窗口如图 2.15 所示，窗口的左侧列出了用于导入数据集的许多选项。其中，Heading 选项尤为重要。我们在本书中使用的所有数据集都有列标题，因此有必要告知 R 这些标题的存在。确保选中 Heading 的 Yes 按钮。如果在 Yes 和 No 选项之间切换，你将在右下方的窗口中看到出现的变化，它给出将导入 R 中的数据集的预览。请确保列名字(age、job 等)为粗体字。

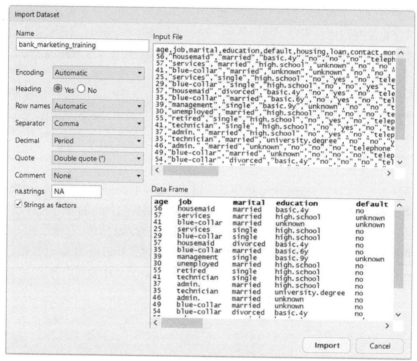

图 2.15　R 中导入 bank_marketing_training 数据集的 Import Dataset 窗口，
并且在窗口上选定了 Heading: Yes 选项

粗体表示它们将作为变量名，而不是作为数据集中的实际记录被导入。在此窗口中，还可以更改分隔符、缺失值代码和其他用于导入数据集的选项。最后，要导入数据集，请单击 Import 按钮。将在左上方的窗格打开一个显示数据集的新选项卡。返回到包含你的代码的选项卡以继续工作。

虽然可以在导入时使用 Name 字段更改数据集的名称，我们建议将其保留为默认值。对于 R 程序代码本身而言，你可以通过将数据集保存为较短的名称来缩短其名称。导入数据集后，可以通过使用左箭头将数据集保存为缩短的名称，如下所示。

```
bank_train <- bank_marketing_training
```

请注意，上面显示的小于号加上减号构成了一个左向的箭头<-。此箭头从右边将要被重命名的对象指向它左侧的新名称。小于号和减号之间不能有空格，尽管在它们形成的左箭头两边可以有空格。重命名数据集的一般形式如下：

```
object_name <- object_to_be_saved
```

如果你对文件的代码和属性使用很熟悉，也可以通过将文件路径写入 R 代码中来打开一个数据集，代码结构如下：

```
your_name_for_the_data <- read.csv(file = "the path to the file")
```

采用这种方法要求我们使用命令 read.csv()输入数据。read.csv()命令中的 file = input 指明了双引号内的文件路径。

下面给出了一段用于打开 bank_marketing_training 数据集的代码示例：

```
bank_train <- read.csv(file = "C:/Users/Data Science/
Data/bank_marketing_training")
```

2.4.5　在 R 中保存输出

与 Python 类似，你通常希望以某个特定的名称保存代码的输出，以便在随后的程序中使用。要以特定名称保存输出，请使用与重命名数据集相同的结构：

```
object_name <- object_to_be_saved
```

例如，若要创建列联表，你将使用下面给出的代码。代码及其输出如图 2.16 所示。

```
table(bank_train$response, bank_train$previous_outcome)
```

如果想要得到行和列的总数，或要计算此表的比例，则应该首先以它自己的名称保存该表。为简单起见，可以将表 Table #1 保存为 t1。

对应的代码将在图 2.17 中给出。请注意，如果我们以 t1 的名称保存列联表，它将不会显示出来。要查看该表，请自行运行 t1 代码。仅运行 t1 的结果如图 2.18 所示。

```
> table(bank_train$response, bank_train$previous_outcome)

      failure nonexistent success
  no     2390       21176     320
  yes     385        2034     569
```

图 2.16 在 R 中创建不需要保存输出的列联表

```
> t1 <- table(bank_train$response, bank_train$previous_outcome)
>
```

图 2.17 在 R 中创建一个列联表并以名称 t1 保存输出

```
> t1

      failure nonexistent success
  no     2390       21176     320
  yes     385        2034     569
```

图 2.18 R 中保存的表 t1 的输出

2.4.6 在 R 中访问记录和变量

和 Python 一样，有时你希望 R 为你提供一个特定的记录或变量。例如，我们如何访问 bank_train 数据集中的第一条记录或该数据集中的 age 变量？

R 从 1 开始引用它的记录。因此，如果我们想查看第一个记录，我们将请求记录 1。例如，要访问 bank_train 数据集中的第一条记录，可使用以下代码：

```
bank_train[1, ]
```

请注意，没有单独的命令用于隔离特定的记录。相反，可使用方括号标记法。方括号标记法的结构如下：

```
data_set_name[ rows of interest , columns of interest ]
```

请注意，数据集名称和左括号之间不应有空格。

让我们看一些例子。我们将使用的数据集命名为 bank_train。由于我们对第一行感兴趣，因此在感兴趣的行区域中填入 1。目前，没有感兴趣的列，所以我们将该输入保留为空。

```
bank_train[ 1, ]
```

如果你需要第一条、第三条和第四条记录，请使用以下代码：

```
bank_train[c(1,3,4), ]
```

我们输入 1、3、4 指定感兴趣的行。在 c()命令中包含这些数字会通知 R 所有这些数字属于同一类，因此它们都被视为感兴趣的行。由于未指定感兴趣的列，因此将返回所有列。输出如图 2.19 所示。

```
> bank_train[c(1,3,4), ]
  age            job marital    education
1  56      housemaid married     basic.4y
3  41    blue-collar married      unknown
4  25       services  single  high.school
```

图 2.19　R 显示了 bank_train 数据集中的第一条、第三条和第四条记录的内容(显示前四个变量)

如何访问变量呢？可像处理感兴趣的记录那样标识感兴趣的变量，即采用括号标记法并将我们想访问的列编号置于感兴趣的列(columns of interest)区域中。举个例子，变量年龄(age)和婚姻(marital)是数据集中的第一个和第三个变量。为了访问这些变量，将数字 1 和 3 填入下面代码中括号内的相应位置。

```
bank_train[, c(1, 3)]
```

代码执行结果如图 2.20 所示。

```
> bank_train[, c(1, 3)]
    age marital
1    56 married
2    57 married
3    41 married
4    25  single
5    29  single
```

图 2.20　R 显示了第一个和第三个变量的内容(显示前 5 条记录)

当然，你可以将想访问的行和列组合在一起来指定你感兴趣的特定行和列。例如，你可以访问 age 和 marital 变量的前三条记录。我们将此显示结果作为一个练习留给读者。

当我们导入数据集时，它们是作为数据帧导入的。这些数据帧有一个很好的特性：可以使用美元符号$标识感兴趣的变量。举个例子，我们想访问 bank_train 数据集中的 age 变量，可以写出该数据集的名称和变量名，并用美元符号把它们连起来，如下所示。

```
bank_train$age
```

祝贺你现在已学习了 R 语言的核心编程操作！你很快就会成为一名 R 程序员。和学习 Python 一样，本书的其余章节会介绍更多具体的命令、软件包和输出，并且会给出相应的编程提示和说明。

既然你掌握了两种编程语言的基础知识，你已为使用 Python 和 R 进行数据科学研究做好了准备！

2.5　习题

概念辨析题

1. 本章讨论的 Python 和 R 编程语言的五种操作是什么？
2. 注释的作用是什么？注释产生什么样的输出？注释以何种特殊字符开头？
3. 为何需要导入软件包？
4. 当导入 Python 包时，as 代码的作用是什么？
5. 如何保存 Python 代码生成的输出？
6. 如何保存 R 代码生成的输出？
7. 我们为何希望保存输出？
8. 如何将数据集导入 Python 中？
9. 为何说指定数据集是否含有列标题是很有必要的？
10. 将数据集读取到 R 中有哪两种方法？

数据处理题

下面的练习将使用 bank_marketing_training 数据集，你可以使用 Python 或 R 解决每个问题。

11. 下载程序并打开编译软件时，软件右下方窗口包含哪些内容？Python 编译器窗口的左边和 R 编译器窗口的左上方有哪些内容？

12. 输入一个注释说明你正在做第 2 章的习题。

13. 找到 Run 按钮并注意它是否存在快捷键。

14. 运行之前练习中的注释，输出结果是什么?请对此加以解释。

15. 导入如下的软件包:

　　a. 对于 Python，导入 pandas 和 numpy 软件包，将 pandas 包重命名为 pd 并将 numpy 包重命名为 np。

　　b. 对于 R，导入 ggplot2 软件包，确保你已安装并打开了此软件包。

16. 导入 bank_marketing_training 数据集，并将其命名为 bank_train。

17. 基于 bank_train 数据集创建 response 和 previous_outcome 变量的一个列联表。不保存代码的输出。

18. 重新运行之前习题的代码, 这一次将输出结果保存为 crosstab_01(对于 Python 程序代码)或 t1(针对 R 代码)。

19. 在保存上一个习题中的输出后，使用所保存输出的名称显示输出。

20. 使用不同的名称保存此列联表。这一次，使用你的姓和喜欢的数字作为表名称，例如 larose42。

21. 将 bank_train 数据集的前九条记录保存为它们自己的数据帧。

22. 将 bank_train 数据集的 age 和 marital 记录保存为它们自己的数据帧。

23. 将 age 和 marital 变量的前三条记录保存为它们自己的数据帧。

实践分析题

24. 导入 adult_ch3_training 数据集并且选定 Heading: Yes 设置。一旦导入该数据集，将其重命名为 adult。

25. 编写注释说明数据集名称的更改。

26. 导入如下软件包:

　　a. 对于 Python，从 sklearn.tree 包中导入 DecisionTreeClassifier 命令。

　　b. 对于 R，导入 rpart 包。确保安装并打开该软件包。

27. 创建一个关于 workclass(工作类型)和 sex 变量的列联表，并将输出保存为 table01。

28. 创建一个关于 sex 和 marital status(婚姻状况)的列联表，并将输出保存为 table02。

29. 显示第一条记录中人员的 sex 和 workclass 值。它们属于 table01 表的哪个单元格？数据集中有多少其他记录具有相同的 sex 和 workclass 值？

30. 显示第 6~10 条记录中人员的 sex 和 marital status 值。它们属于表 table2 中的哪些单元格？数据集中有多少其他记录具有相同的 sex 和 marital status 组合值？

31. 创建一个新的数据集，该数据集只包含 marital status 为 Married-civ-spouse 的记录，并将该数据集命名为 adultMarried。

32. 使用 adultMarried 数据集重新创建 sex 和 workclass 的列联表。你注意到不同性别之间有何区别吗？

33. 创建一个仅包含 age 值大于 40 的记录的新数据集，将该新数据集命名为 adultOver40。

34. 使用 adultOver40 数据集重新创建 sex 和 marital status 的列联表。你注意到有什么区别呢？

第 **3** 章

数 据 准 备

3.1 银行营销数据集

在本章中，我们将使用 bank_marketing_training 和 bank_marketing_test 数据集来解释如何执行数据科学方法的前两个阶段。读者可以从该系列图书的网站 www.dataminingconsultant.com 下载这些数据集。这些数据集改编自 UCI Machine Learning Repository 中的 bank-additional-full.txt 数据集。我们只使用了四个自变量(age, educations, previous_outcome 和 days_since_previous)，加上 response 目标变量。这些数据源自葡萄牙一家银行开展的电话直销经营活动。银行感兴趣的是通过电话营销联系的客户是否会在银行开立定期存款账户。bank_marketing_training 数据集包含 26 874 条记录，bank_marketing_test 数据集包含 10 255 条记录。

3.2 问题理解阶段

我们从问题理解阶段开始讲起，以确保我们努力实现的任务不会偏离预期的目标。

3.2.1 明确阐明项目目标

本项目分析的目标如下：

(1) 了解我们的潜在客户。也就是说，了解那些选择在我们银行存款的人以及那些不选择与我们银行合作的人的特征。

(2) 开发一种有效的方法来识别潜在的积极响应(正面)的客户，这样我们就可以节省时间和金钱。也就是说，开发一个或多个模型来识别潜在的积极响应的客户。使用这些模型量化预期的利润。

3.2.2　将这些目标转化为数据科学问题

我们应该如何利用数据科学方法实现此项目的目标?

1. 有很多方法可以了解我们的潜在客户。

a. 使用探索性数据分析表示各种变量之间的一些简单的图形化关系。例如,使用年龄与响应yes/no信息关联的柱状图(直方图)来可视化年龄是否与客户响应有关系;

b. 使用聚类确定潜在客户中是否存在自然的分组。例如,年轻/教育程度较高的客户是一组,年长/教育程度较低的客户是另一组。然后,查看这些分组对市场营销的反应是否不同;

c. 使用关联规则查看记录子集之间是否存在有用的关系。举个例子,假设规则"如果客户使用手机,则响应=是"具有良好的支持度和较高的置信度。这将使我们的营销人员能够针对手机用户开展有针对性的营销活动,而不必受制于我们的整体建模结果。

2. 可以开发一套强大的数据科学模型来识别潜在的积极响应的客户。我们注意到,由于响应(是/否)是分类的,因此可以使用分类模型,但不能使用估计模型。

a. 使用以下算法,开发出我们能得到的最佳分类模型:

1) 决策树

2) 随机森林

3) 朴素贝叶斯分类

4) 神经网络

5) 逻辑回归

b. 根据预先确定的模型评估标准(如误分类代价)评价每种模型。构建一个包含最佳模型及其成本的数据表;

c. 就设计的最佳模型与管理层进行磋商,以便将最佳模型用于后续的部署阶段。

基于上述操作,我们(1)清晰阐明了我们的目标;(2)将这些目标转化为一系列要实施的数据科学任务。因此,我们现在已经完成了第一个阶段:问题理解阶段。

3.3　数据准备阶段

接下来,我们转到数据准备阶段,在此阶段数据将被清洗并准备好进行分析。完备的数据准备指南需要远比本书更多的篇幅,建议读者查阅 *Data Mining and Predictive Analytics* 一书[1]来了解更多有关数据准备的内容。每个数据集都有自己所必需的数据准备

---

[1] Daniel T. Larose 和 Chantal D. Larose 编著, John Wiley and Sons, Inc., 2015。

任务。在本章中，我们将重点讨论以下数据准备任务：

- 添加索引字段
- 改变误导性字段值
- 将分类数据重新表示为数字数据
- 标准化数字字段
- 识别异常值

3.4　添加索引字段

数据科学家可能希望向数据集补充新的变量，以便于理解数据集。例如，并非所有数据集(包括 bank_marketing 数据集)都含有 ID 字段。因此，可以向数据中添加一个索引字段，这样做有两个目的：(1)它为没有 ID 字段的数据集添加了一个 ID 字段；(2)它可以跟踪数据库中记录的排序情况。在数据科学中，我们经常要对数据进行重新划分和重新排序。因此，有一个索引字段是很有用的，以便在需要时可以恢复原始排列顺序。下面将介绍如何使用 Python 和 R 添加索引字段。

3.4.1　如何使用 Python 添加索引字段

首先，我们需要使用上一章讲述的代码打开所需的软件包。

```
import pandas as pd
```

接下来，通过使用 read_csv()命令并指定文件的位置，以 bank_train 为名称导入所需的数据集。

```
bank_train = pd.read_csv("C:/.../bank_marketing_training")
```

如上一章所述，由于 read_csv 命令处于 pandas 包中，因此我们需要在该命令之前给出包的名称。当我们以 pd 的名字打开 pandas 包时，完整的命令是 pd.read_csv()。

为了创建索引，我们首先需要查找数据集中记录和列的数量。

```
bank_train.shape
```

在数据集名称后使用.shape 将给出数据集中的行数和列数。该命令输出中的第一个数字是记录数 26 874。第二个数字是变量的数量。

一旦我们知道了记录的数量，我们就创建了一个新的变量，该变量为每个记录分配一个唯一的整数。

```
bank_train['index'] = pd.Series(range(0,26874))
```

嵌套的命令 Series() 和 range() 可以创建一个由数字构成的字符串，其下限为零，上限为记录的数量。由于 Series() 命令包含在 pandas 包中，并且我们重命名了 pandas 包为 pd，因此我们在 Series() 命令前面添加 pd 和一个句点，得到的代码是 pd.Series()。请注意，range() 命令的下限是零而不是 1，因为 Python 从零开始计算位置。我们通过使用 bank_train['index'] 将 pd.Series(range()) 的输出分配给 bank_train 数据集的 index 变量，可以把数字串保存为数据集中的新变量 index。

要使用它的新变量查看数据集，可以查找数据集的头部。

```
bank_train.head
```

在数据集名称后使用.head，可以为数据集中的每个变量生成包含前 30 条和后 30 条记录的输出。

3.4.2 如何使用 R 添加索引字段

使用 RStudio 中的 Import Dataset 按钮，导入名为 bank_train 的数据集。为了创建索引字段，首先需要知道数据集中有多少条记录。

```
n <- dim(bank_train)[1]
```

dim() 命令给出了数据集的记录数和变量数，该数据集的名称作为输入值。在本章中，该数据集就是 bank_train。在 dim(bank_train) 代码的末尾添加[1]将只产生第一个数字，即记录数，该数字作为输出。我们将输出保存为一个小写字母 n，这是最常用的表示样本大小的方法。如果你独自运行 n，输出将得到数字 26 874，这也是数据集中的记录数量。

一旦我们有了记录的数量，就可以创建一个新的变量，该变量为每个记录赋值一个唯一的整数以指定其在数据集中的顺序。

```
bank_train$Index <- c(1:n)
```

函数 c() 将把它的输入值组合成一个单独的对象。在我们本章的例子中，输入是 1:n，它代表"整数 1 到 n，包括 1 和 n。"命令 c(1:n) 将输出一串数字，其值从 1 到 bank 数据集中的记录总数。我们通过将 c(1:n) 保存为 bank_train$Index，可以把这串数字保存为数据集中一个名为 Index 的新变量。

若要使用新的索引变量查看其对应的数据集，请运行将 bank_train 数据集作为唯一输入的 head()命令。

```
head(bank_train)
```

得到的输出是所有变量的前六条记录，包括索引变量在内。

3.5 更改误导性字段值

字段 days_since_previous 用于记录自上次营销活动最后一次联系客户以来已度过的天数。该字段显然是数字，因此可以使用 R 查看 days_since_ previous 变量的柱状图[1]，如图 3.1 所示。我们注意到，图中大多数的数据值都接近 1000，并且少数值接近零。事实上，数据库管理员一般使用代码 999 表示以前没有联系过的客户。因此，我们需要将字段值 999 更改为 missing，要这样做可以在 Python 和 R 中执行下述操作。

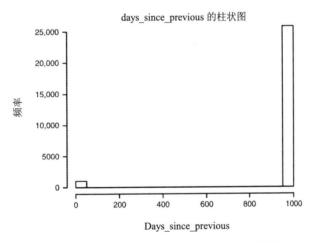

图 3.1 R 中 days_since_previous 的柱状图，其大多数值接近 1000

3.5.1 如何使用 Python 更改误导性字段值

如果你没有打开 pandas 包或读入数据集，你就要如前面的 Python 部分所述那样执行此操作。此外，本节中我们还需要导入 numpy 包。

```
import numpy as np
```

我们需要标识 days_since_ previous 值等于 999 的所有记录，并用表示缺失数值的

---

1 参看附录 A "数据汇总与可视化"。

Python 程序代码 NaN 替换它们。完成替换后，我们将以 days_since_ previous 变量名保存该变量，从而有效覆盖之前变量的值。

```
bank_train['days_since_previous'] =
    bank_train['days_since_previous'].replace({999: np.Na N})
```

代码 bank_train['days_since_previous']访问 days_since_ previous 变量。命令 replace({999:np.NaN})查找 days_since_ previous 变量中值为 999 的每个实例，并将其替换为值 NaN。为了将新编辑的变量保存在其原始名称下，我们通过重新使用变量名称 bank_train['days_since_previous']并将右侧设置为等于左侧的原始变量 days_since_previous。

若要创建该变量的柱状图，请使用 hist()命令。

```
bank_train['days_since_previous'].plot(kind = 'hist',
    title = 'Histogram of Days Since Previous')
```

在变量名后面使用.plot()将对变量进行绘图。我们使用 kind = 'hist'指定应该绘制柱状图。包含在单引号中的 title 输入用于创建柱状图的标题。输出结果如图 3.2 所示。在第 4 章中，我们将研究更复杂的柱状图。

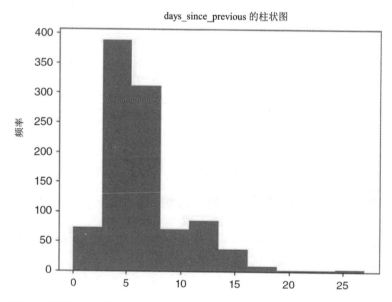

图 3.2 使用 Python 代码对缺失值正确赋值后 days_since_previous 变量的柱状图

3.5.2　如何使用 R 更改误导性字段值

如果你没有读取数据集 bank_train$days_since_previous，那么如之前 R 基础知识所述执行此操作。我们需要找出 days_since_ previous 变量中值为 999 的每个实例，并将其替换为 R 表示缺失值的代码值 NA。

```
bank_train$days_since_previous < - ifelse(test = bank_
train$days_since_previous == 999,
    yes = NA, no = bank_train$days_since_previous)
```

ifelse()命令检查用 test=指定的条件，因此，如果测试条件为真，就将 yes=之后的值赋给 days_since_previous 变量；如果测试条件为假，就将 no=之后的值赋给 days_since_previous 变量。

在我们的例子中，检查每条记录来查看它在 days_since_previous 变量中是否包含值 999。如果包含，返回值 NA；如果没有包含，则返回 days_since_previous 变量中的原始值。为了将返回值的字符串保存为变量 days_since_previous，可以使用 bank_train$days_since_ previous 将输出保存为该变量。

若要创建变量的柱状图，请使用 hist()命令。

```
hist(bank_train$days_since_previous, xlab = "days_since_previous",
    main = "Histogram of days_since_previous - Missing
Values replaced by NA")
```

hist()命令有一个必需的输入，即感兴趣的变量。我们使用变量 bank_train$days_since_previous 作为输入变量。可选的输入值 main 和 xlab 分别用于指定柱状图的标题和 x 轴。需要注意，标签必须包含在引号中。

图 3.3 给出了排除缺失值的情况下 days_since_ previous 变量的柱状图。

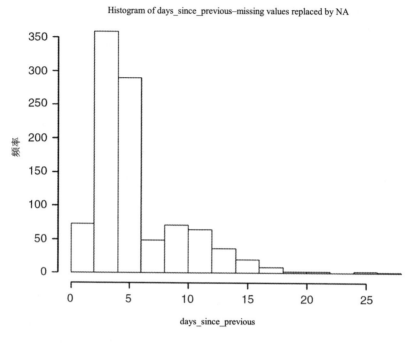

图 3.3　排除缺失值的情况下，用 R 表示的 days_since_previous 变量的柱状图

3.6　将分类数据重新表示为数字

图 3.4 显示了 education(教育)变量的条形图[1]。注意到该字段是分类型的，这意味着该字段值没有排序。换言之，如果我们不理会此字段，那么我们的数据科学算法将不会知道 university_degree 代表的教育种类不止 basic.4yr 一种。为了向我们的算法提供这些信息，我们需要将该数据值转换为数字值，这样做显然可以区分不同的值。但你执行此操作的时候要谨慎，以便保持不同类别之间的相对差异。

表 3.1 显示了我们计划如何完成上述转换。职业课程(professional course)的数值为 12，该值是从脚注所示的出版物中获得的，作为常规高中学习课程的替代方案。当然，未知值(unknown)也需要重新表示为缺失值(missing)。

1　参看附录 A "数据汇总与可视化"。

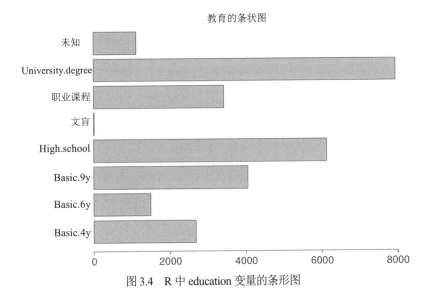

图 3.4 R 中 education 变量的条形图

表 3.1 将 education 的值重新表示为数字

分类值	数字值
文盲	0
basic.4y	4
basic.6y	6
basic.9y	9
high.school	12
professional.course	12[a]
university.degree	16
未知值	缺失值

a 该数值基于 In-Vet 项目，用于防止新生辍学并促进新生更好地融入学校。两组人群，professional course 和 high school 将使用相同的数值 12 进行合并。这两组人群中积极响应的客户的比例接近(11.1% 与 10.7%)，因此我们很可能会接受将他们进行合并。

3.6.1 如何使用 Python 重新表达分类字段值

我们将复制 education 变量，并将其命名为 education_numeric，以准备将其分类值替换为数字值。

```
bank_train['education_numeric'] = bank_
train['education']
```

等号的右边指定了 education 变量，用等号将这些值分配给等号的左边。目前没有名为 education_numeric 的变量，因此将创建这样一个变量，并为其赋值 education 变量的值。

我们需要专门创建一个字典，用于将 education_numeric 中的分类值转换为数字值。该字典包含在花括号{ }中。若要建立字典，对应的代码如下：

```
dict_edu = {"education_numeric": {"illiterate": 0,
"basic.4y": 4, "basic.6y": 6,
    "basic.9y": 9, "high.school":12, "professional.
course": 12, "university.degree":16,
    "unknown": np.NaN}}
```

在该字典内部，我们使用"education_numeric"指定希望重新赋值的变量，后面跟着一个冒号和另一组花括号。在第二组花括号内，我们采用如下顺序指定了数值的转换。

变量的原始值：变量的新值

其中，每个指定用逗号加以分隔。请注意，在必要时我们将使用 Python 表示缺失值的代码值 NaN。

最后，我们告知 Python 利用字典替换变量的值。

```
bank_train.replace(dict_edu, inplace=True)
```

命令 replace()将会按照字典 dict_edu 中的规则替换相应的值。

3.6.2　如何使用 R 重新表达分类字段值

首先，我们需要安装并加载 plyr 软件包。

```
install.packages("plyr"); library(plyr)
```

我们需要遵循表 3.1 中给出的规则，指定 education 的哪些分类值对应哪些数字值。

```
edu.num < - revalue(x = bank_train$education, replace =
c("illiterate" = 0, "basic.4y" = 4,
    "basic.6y" = 6, "basic.9y" = 9, "high.school" = 12,
"professional.course" = 12,
```

revalue()函数基于 replace 输入中给定的规则，替换 x 输入中指定的变量的值。在 replace =输入中，按照如下结构我们使用 c()操作将每条记录串联在一起：

变量的原始值=变量的新值

其中，每个指定用逗号加以分隔。请注意，在必要时我们将使用 R 表示缺失值的代码值 NA。我们将输出保存为 edu.num。

目前，edu.num 变量的输出不是数字(例如你不能使用它们绘制柱状图)，因此，我们需要将该变量的层级值转换为数字类型。对象 edu.num 是一个因素，并且我们使用如下代码将它的值转换为数字：

```
bank_train$education_numeric <- as.numeric(levels
(edu.num))[edu.num]
```

levels()命令获取 edu.num 变量的因素层级，它们是字符串。as.numeric()命令可以将它们转换为数字。这些新的数值应用于 edu.num 变量，并将结果保存为新变量 education_numeric。图 3.5 显示了重新表示的教育字段 education_numeric 的柱状图。

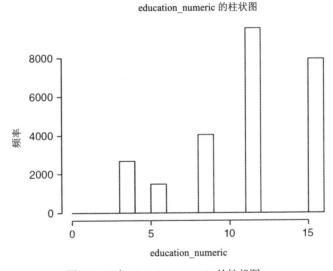

图 3.5 R 中 education_numeric 的柱状图

3.7 标准化数字字段

当数字字段标准化后，会使某些算法的性能变得更好。字段标准化将使字段平均值等于 0 并且使字段标准差等于 1^1，如下所示：

$$z = \text{Standardized Value} = \frac{x - \bar{x}}{s} = \frac{\text{Data value-mean}}{\text{Standard deviation}}$$

其中，正的 z 值可以解释为用于表示其值大于数据均值的标准差的数量，而负的 z 值可以表示其值小于数据均值的标准差的数量。一些数据分析人员会很自然地将所有数字字段标准化。接下来，我们将介绍如何使用 Python 和 R 标准化数字字段。

3.7.1　如何使用 Python 标准化数字字段

首先，导入需要的软件包：

```
from scipy import stats
```

我们将标准化 age 变量并且将其保存为一个新变量 age_z。

```
bank_train['age_z'] = stats.zscore(bank_train['age'])
```

zscore 函数计算给定变量的 z 值，在这个例子中是上述代码中写作 bank_train['age'] 的 age 变量。由于 zscore()命令隶属于 stats 软件包，因此我们将该命令写作 stats.zscore()。我们将它保存为数据集中的一个新变量 age_z。

3.7.2　如何使用 R 标准化数字字段

不必为该操作的代码另外安装或加载包，因为我们将要使用的命令 scale()包含在 R 的初始下载包中。

```
bank_train$age_z <- scale(x = bank_train$age)
```

scale()函数的作用是：通过把变量值减去其平均值使其居中，或通过将变量除以标准差来缩放其值，或者同时完成这两种操作。默认情况下它同时执行这两种操作，按需计算 z 分值。因此，在 bank_train$age 变量上使用默认设置的 scale()函数将返回该变量的 z 分值。可以使用 bank_train$age_z 将 z 值保存为数据集中的一个新变量。

3.8　识别异常值

一旦将数字字段标准化，就可以使用 z 值识别异常值，这些异常值是在某个特定维度或某些维度具有极端值的记录。例如，考虑"联系数量(number_of_contacts)"字段，

---

1 关于均值和标准差，可以参看附录 A "数据汇总与可视化"。

该字段表示在市场营销活动过程中联系客户的次数。每个客户的平均联系次数为 2.6, 标准偏差为 2.7(允许舍入)。因此, 得到的标准化字段如下:

$$number\_of\_contacts\_z = \frac{number\_of\_contacts - 2.6}{2.7}$$

一个粗略的经验法则是, 如果某数据的 z 值大于 3 或小于 - 3, 它就是一个异常值。例如, 一个联系过 10 次(看起来很多)的客户会具有如下标准化值:

$$number\_of\_contacts\_z = \frac{10 - 2.6}{2.7} \approx 2.7$$

由于 2.7 < 3, 因此按照上述方法, 联系 10 次看起来很多, 但并不被标识为异常值。

数据科学家应该与客户协商他想如何处理任何异常值, 而不应自动清除异常值! 也不应自动改变它们。这些与众不同的数值可能会揭示数据的某些重要方面, 因此应该与客户或数据库管理员讨论这种情况。

3.8.1 如何使用 Python 识别异常值

对于这个例子, 我们将继续使用在上一节中创建的 age_z 变量。我们将使用 query() 函数查找异常值, 该函数可以标识满足特定条件的行。

```
bank_train.query('age_z > 3 | age_z < -3')
```

我们希望所有返回的记录均满足的条件为'age_z > 3 | age_z < - 3'。换句话说, 该条件要求每个记录的 age_z 值大于 3 或者 age_z 值小于 - 3。"或"由两个条件之间的字符 | 指定。

满足指定条件的所有记录都将返回。在示例中, 共有 228 条记录的 age_z 值大于 3 或小于 - 3。可以使用这些记录创建一个新的数据集, 它只由这些满足条件的值构成。

```
bank_train_outliers = bank_train.query('age_z > 3 |
age_z < -3')
```

通过为 query()命令的输出指派一个名称, 可以创建一个只包含异常值的新数据集, 我们称之为 bank_train_outliers。

让我们按照 **age_z** 变量对数据集 bank_train_outliers 进行排序。

```
bank_train_sort = bank_train.sort_values(['age_z'],
ascending = False)
```

sort_values()命令将基于指定的变量对数据集中的记录进行排序。排序可以是升序或降序。在本例中，我们希望最大的 age_z 值位于顶部，因此我们通过指定 ascending = false 按降序排序。可以用它自己的名字保存此排序的数据集，如 bank_train_sort。

最后，假设我们希望上报 age_z 值最大的 15 个客户的年龄和婚姻状况。此条件指定要报告的行数(15)和要报告的列(名为 age 和 marital 的变量)。

```
bank_train_sort[['age', 'marital']].head(n=15)
```

在数据集名称后面给出的双括号标记法允许我们指定要包括哪些列。head()命令将给出最上面的若干条记录，如果 head 中的输入为 *n*，则给出 *n* 条记录，如果没有指定 *n* 值，则给出头 5 条记录。在我们的例子中，指定 *n* = 15。结果是给出 age_z 值最大的 15 个客户的年龄和婚姻状况。

3.8.2　如何使用 R 识别异常值

对于这个例子，将继续使用在前一节中创建的 age_z 变量。可以使用上一章中详细介绍的括号标记法隔离特别的记录。程序代码结构将以如下结构开头：

```
bank_train[ rows of interest, ]
```

注意到上面代码逗号的右边是空白。由于我们没有指定任何感兴趣的列，因此所有列都将在该命令的输出中返回。

现在需要填写我们感兴趣的行。which()命令将用于标识满足指定条件的记录。

```
bank_outliers <- bank_train[ which(bank_train$age_z < -3
| bank_train$age_z > 3), ]
```

作为 which()命令输入给定的条件指明，我们想要 age_z 小于−3 或大于 3 的所有记录。which()命令返回所有这些记录的行索引。括号标记法将返回仅持有这些记录的 bank_train 数据集的一个子集。可以将这些记录保存为一个新的数据集，名为 bank_outliers。

为了按变量对数据集进行排序，可以使用 order()命令。

```
bank_train_sort <- bank_train[ order(- bank_
train$age_z), ]
```

order()命令将要排序的变量作为输入，它返回排序后变量的行索引。默认情况下，变量值按升序排序。为了按照降序排序，我们在变量前面添加了一个减号，如上式所示。

将 order()命令放在括号标记内,特别放在感兴趣的行所在的位置,将可以根据 order()

命令返回的顺序对数据集中的记录重新排序。我们将这个新的排序数据集保存为 bank_train_sort。

要查看新数据集的前 10 条记录(即 age_z 值最大的 10 条记录),可以使用括号标记法并指定第 1 行到第 10 行。

```
bank_train_sort[ 1:10, ]
```

再次指出,列的位置保留为空白将返回该数据集的所有列(变量)。

为了只返回少量的列,我们需要注意哪些列中有何变量。可以使用 head()命令完成此操作。

```
head(bank_train_sort)
```

变量 age 在第 1 列,变量 martial 在第 3 列。要返回第 1 列和第 3 列的前 10 条记录,请在括号标记法中同时指定感兴趣的行和列。

```
bank_train_sort[1:10, c(1,3)]
```

代码的输出包含 age_z 值最大的 10 个客户的年龄和婚姻状况。

本章讨论的主题旨在提供在数据准备阶段有待读者解决的各种挑战。在实践分析练习中,我们将探索如何派生出新的变量,这些变量是原始变量的某种函数,以便从数据集中提取更多信息。

3.9　习题

概念辨析题

1. 如问题理解阶段所述,bank_marketing (银行营销)分析的两个主要目标是什么?
2. 我们计划采用哪三种方式实现了解潜在客户的目标?
3. 请解释为了识别潜在的积极客户,我们计划如何实现开发盈利模型这一目标。
4. 请提供两个原因解释为何最好向数据集添加一个索引字段。
5. 解释为什么在我们处理代码999之前,days_since_previous 字段实际上是无用的。
6. 为什么将 education 重新表示为数字字段很重要?
7. 假设某个数据值的 z 值为 1。我们如何理解这个值?
8. 一种使用 z 值识别异常值的粗略经验法则是什么?
9. 是否应自动删除或更改异常值?原因是什么?
10. 我们应该如何处理已识别的异常值?

数据处理题

下面的练习将使用 bank_marketing_training 数据集，你可以使用 Python 或 R 解决每个问题。

11. 生成一个索引字段并将其添加到数据集。

12. 对于 days_since_ previous 字段，将字段值 999 更改为缺失值的对应代码。

13. 对于 education 字段，将该字段值重新表示为如表 3.1 中所示的数字值。

14. 标准化 age 字段。打印出前 10 条记录的列表，包括 age 和 age_z 变量。

15. 根据 age_z 字段获得所有为异常值的记录的列表，打印出 age_z 值最大的 10 条记录的列表。

16. 对于 job 字段，将少于 5%记录的职业合并到一个名为 other 的字段中。

17. 将默认的自变量重命名为 credit_default。

18. 对于 month 变量，将字段值更改为 1–12，但保持变量为分类型。

19. 对 duration 字段执行以下操作。

    a. 标准化变量。

    b. 识别有多少异常值，并找出最极端的异常值。

20. 对 campaign 字段执行以下操作。

    a. 标准化变量。

    b. 确定有多少异常值，并识别最极端的异常值。

实践分析题

对于习题 21~25，将使用 Nutrition_subset 数据集。该数据集包含 961 种食物的重量(单位是克)以及饱和脂肪和胆固醇的含量。使用 Python 或 R 求解如下问题。

21. 数据集中的元素是各种规格的食品项，从一茶匙肉桂皮到一块完整的胡萝卜蛋糕。

    a. 根据饱和脂肪(saturated_ fat)对数据集进行排序，并列出饱和脂肪含量最高的五种食物。

    b. 对不同规格食品进行比较的有效性做出评价。

22. 通过将饱和脂肪量除以重量(单位: 克)，可以得出一个新的变量，即 saturated_ fat_ per_ gram。

    a. 根据 saturated_ fat_ per_ gram 对该数据集进行排序，并列出每克饱和脂肪含量最高的五种食物。

    b. 哪种食物的每克饱和脂肪含量最高？

23. 派生出一个新的变量，cholesterol_ per_ gram。

    a. 按照 cholesterol_ per_ gram 对数据集进行排序，并列出每克胆固醇脂肪含量最高的五种食物。

b. 哪种食物的每克胆固醇脂肪含量最高？

24. 标准化 saturated_fat_per_gram 字段。制作一份清单列出所有每克饱和脂肪含量处于比例高端的标识为异常值的食品。每克饱和脂肪含量处于比例低端的异常食品是多少？

25. 标准化 cholesterol_per_gram 字段。制作一份清单，列出所有每克胆固醇含量处于比例高端的标识为异常值的食品。

对于练习 26~30，使用 adult_ch3_training 数据集，响应是收入是否超过 50 000 美元。

26. 向该数据集添加一个记录索引字段。

27. 确定 education 字段内是否存在任何异常值。

28. 对 age 字段执行以下操作。

a. 标准化该变量。

b. 识别有多少异常值，并标识最极端的异常值。

29. 为 capital‐gain 派生出一个名为 capital-gain-flag 的标志，当资本收益等于 0 时，该标志值为 0；当资本收益不等于 0 时，该标志值为 1。

30. 年龄是否异常？仅选择年龄不小于 80 岁的记录。创建一个年龄的柱状图。用一句话说明你观察到的结果并简要解释出现这种结果的原因。

第**4**章

探索性数据分析

4.1　EDA 对比 HT

客户或数据分析师通常有一个先验假设，然后他们希望用数据进行测试。这种假设的一个例子是：手机用户的积极响应率比固定电话用户高吗？可以使用经典统计方法或数据科学的交叉验证方法(参见第 5 章)执行这种假设检验(Hypothesis Test，HT)。

另一方面，客户或分析师可能事先对数据可能揭示的内容没有任何清晰的概念。在这种情况下，他们更喜欢使用探索性数据分析(Exploratory Data Analysis，EDA) 或图形数据分析方法(Graphical Data Analysis，GDA)。EDA 允许用户：

- 使用图形探索自变量(预测变量或预测因子)和目标变量(因变量或响应变量)之间的关系。
- 使用图形和表格导出新的变量，以提升预测价值。
- 有效地使用分箱，以提高预测性能。

在本章中，我们将继续探讨第 3 章中的 bank_marketing_training 数据集。我们首先用图形研究目标响应和分类的自变量之间的关系。

4.2　叠加了 response 的条形图

可以使用叠加 response 的条形图探索分类的自变量和目标变量之间的关系。图 4.1 显示了叠加了 response 的 previous_outcome 变量的条形图。previous_outcome 是指针对同一个客户的之前营销活动的结果，大多数客户并没有这样的营销经历。

显然，大多数客户没有经历过公司的任何营销活动(即变量值 nonexistent)。一般来说，(非标准化的)条形图对于显示分类变量值的分布很有用。然而，尚不清楚哪一类客户的响应比例更高。例如，nonexistent 类含有最多的响应，但它也含有最多的非响应。

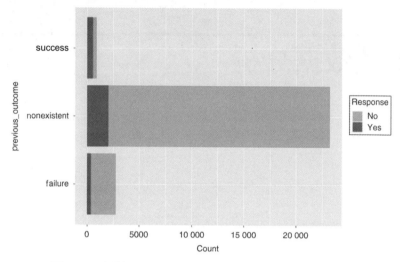

图 4.1　R 中叠加了 response 的 previous_outcome 变量的条形图

为了澄清这些情况，可以生成一个标准化的条形图，它均等化每个条形的长度，以便可以更容易地比较响应比例。图 4.2 显示了叠加了 response 的 previous_outcome 的标准化(归一化)条形图。从图 4.2 中可以清楚地看出，积极响应比例最高的客户组是 success，这些客户对公司之前的营销活动曾做出积极响应。有趣的是，那些上一次反应消极的(failure)客户，这次的响应成功率也比那些之前没有联系过的客户稍高。

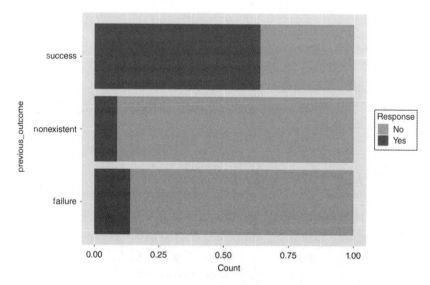

图 4.2　R 中叠加了 response 的 previous_outcome 变量的标准化条形图

这个练习演示了使用条形图时的两个最佳做法。

最佳实践：条形图

- 当带有叠加响应的条形图不能清楚表示响应比例时，就选用标准化的条形图。
- 但是，在没有其非标准化版本的情况下，千万不要仅提供标准化的条形图，因为标准化的版本没有显示任何原始的分布(如每个类别中有多少条记录)。

4.2.1　如何使用 Python 构建叠加的条形图

加载所需的软件包并以 bank_train 为名称读入 bank_marketing_training 数据集。

```
import pandas as pd
bank_train = pd.read_csv("C:/.../bank_marketing_
training")
```

绘制条形图的第一步是创建一个由自变量和目标量值构成的列联表。我们使用 crosstab()命令创建该表。

```
crosstab_01 = pd.crosstab(bank_train['previous_
outcome'], bank_train['response'])
```

后面会更详细地说明上面的代码。目前，我们将此表保存为 crosstab_01。

现在，可以基于该表绘制条形图。

```
crosstab_01.plot(kind='bar', stacked = True)
```

为了创建条形图，请将.plot()添加到 crosstab_01 对象的后面。plot()命令接受各种可选的输入值。我们指定输入为 kind = 'bar'以绘制条形图，并且令 stacked = True 以指定绘制堆叠条形图。

为了得到归一化的表示形式，我们需要更改此表，以便使该表中每个单元格中的数值变成自变量 previous_outcome 的每个取值中 "no(否)" 和 "yes(是)" 的响应值的比例，如下所示：

```
crosstab_norm = crosstab_01.div(crosstab_01.sum(1),
axis = 0)
```

div()命令将在每个指定的坐标轴内，将表格中的值除以另一个对象。在我们的示例中，我们希望把表格的第 1 行中单元格的值除以第 1 行中的单元格之和，第 2 行和第 3 行也做同样的处理。为了完成此操作，我们首先将被除数的值设置为 crosstab_01.sum(1)，它是表中每行数值的总和。然后，我们设置 axis = 0 来指定希望把表的各行均除以这些值。得到的结果也是一个表，其单元格的值是落入该列的那些行中的数据比例。我们将得到的表保存为 crosstab_norm。

在保存该表格后，使用下面的代码绘制如上的堆叠条形图。

```
crosstab_norm.plot(kind='bar', stacked = True)
```

得到的图形如图 4.3 所示。

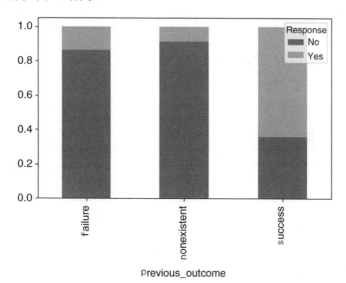

图 4.3　Python 中叠加了 response 的 previous_outcome 变量的标准化条形图

4.2.2　如何使用 R 构建叠加的条形图

以 bank_train 名称读取 bank_marketing_training 数据集。我们将使用 ggplot2 包创建图表。你需要使用 install.packages()安装该包一次，然后在每次编写新代码时使用 library()打开它。

```
install.packages("ggplot2"); library(ggplot2)
```

ggplot 代码使用通过加号(+)链接在一起的不同命令，如下例所示。请注意，加号必须紧跟在前面的命令之后，中间不能有换行符，但后面允许有换行符。

为了创建 previous_outcome 变量的条形图，我们使用 ggplot()命令和 geom_bar()命令。

```
ggplot(bank_train, aes(previous_outcome))+geom_bar()+
coord_flip()
```

ggplot()命令开始绘制图形。bank_train 输入指定正要使用的数据集，并且感兴趣的变量列在 aes()中(aes 代表 aesthetics)。第二部分代码是 geom_bar()，它指定应该绘制的条形图。由于前面的 ggplot()命令，该部分代码知道要使用什么变量。第三部分代码是 coord_flip()，这使条形图沿水平方向展开。

为了创建一个叠加了响应的条形图，我们添加了一个 fill 输入。

```
ggplot(bank_train, aes(previous_outcome)) + geom_
bar(aes(fill = response)) + coord_flip()
```

请注意，唯一的改动是在 geom_bar()内部添加了 aes(fill = response)。条状图的结果如图 4.1 所示。

若要标准化条形图，请在 geom_bar()内添加 position= "fill"，如下所示。

```
ggplot(bank_train, aes(previous_outcome)) + geom_
bar(aes(fill = response),
    position = "fill") + coord_flip()
```

输入 position= "fill"被添加到 geom_bar()命令内，但在 aes()之外。得到的图形结果如图 4.2 所示。

4.3 列联表

为了帮助量化分类自变量和目标变量之间的关系，可以构建一个列联表(contingency table)，它是两个变量的交叉表，包含变量值的每种组合(即每个列联)的单元格。图 4.4 包含了 previous_outcome 相对于 response 的列联表。请注意，通常的做法是让目标变量表示行，而用自变量表示列。对于 EDA，包含列百分比也很有帮助。图 4.5 中有一个带有列百分比的表。大多数客户之前没有经历过营销活动(nonexistent)，因此请注意其中 21176 个响应为"否"，2034 个响应为"是"。总的来说，我们注意到对于 failure(上次是失败)而言，正面响应的比例只有 13.9%，对 nonexistent(上次没联系过)的正面响应只有 8.8%，但是当之前对客户的营销活动是成功(success)时，正面响应的比例高达 64%。

列联表的最佳实践如下。

最佳实践：列联表

- 使响应变量(因变量)代表行。
- 然后，生成列百分比以便针对每类自变量直接比较其响应比例。

```
      failure nonexistent success total
no       2390       21176     320  23886
yes       385        2034     569   2988
total    2775       23210     889  26874
```

图 4.4　R 中 previous_outcome 和 response 的列联表

```
      failure nonexistent success
no       86.1        91.2     36.0
yes      13.9         8.8     64.0
```

图 4.5　R 中 previous_outcome 和 response 的列联表，且用列百分比替代列计数

4.3.1　如何使用 Python 构建列联表

我们需要创建一个列联表以便绘制一个条形图，但并没有详细说明代码。现在我们认真查看一下创建该表的代码。

```
crosstab_01 = pd.crosstab(bank_train['previous_
outcome'], bank_train['outcome'])
```

请注意变量的顺序。上述代码生成的表将 previous_outcome 作为行。该表创建了我们在上一节中需要的条形图，但为了遵守最佳实践并让目标变量表示行，我们需要将代码更改为：

```
crosstab_02 = pd.crosstab(bank_train['response'], bank_
train['previous_outcome'])
```

别忘了保存该表。我们将输出保存为 crosstab_02，输出结果将是一个大致如图 4.4 所示的表。

为了计算该表的列比例，我们需要将每一列的值除以列值的总和。可以像上一节描述的那样利用 sum() 和 div() 命令。但是，这一次我们得到的是列百分比而不是行百分比。

```
round(crosstab_02.div(crosstab_02.sum(0), axis = 1)*100, 1)
```

请注意，我们将得到的表中的数值乘以 100 来得到百分比而不是比例。除了 sum() 和 div() 命令之外，我们将该表的代码置于 round() 命令内。round() 命令将对表中的数字四舍五入，将其转换为含有有效位数的特定数字；在此我们指一位数字，得到一个如图 4.5 所示的表。

4.3.2　如何使用 R 构建列联表

创建一个表的命令是 table()，其括号内是感兴趣的变量。

```
t.v1 <- table(bank_train$response, bank_train$previous_
outcome)
```

第一个变量 bank_train$response 构成行，而第二个变量 bank_train$previous_outcome 构成列。我们将把该表保存为 t.v1，以便可以编辑它。

为了向该表添加行和列总数，使用 addmargins() 命令。

```
t.v2 <- addmargins(A = t.v1, FUN = list(total = sum),
quiet = TRUE)
```

在我们的样表 t.v1 中，输入 A = t.v1 指定了要编辑的表。FUN = list(total = sum) 输入指定了要执行的一系列函数，以便创建边际行和列。在我们的例子中，我们希望创建一个名为 total 的行和列，其中包含行和列的总和。我们将编辑后的表保存为 t.v2。若要查看已完成的表，请自行运行 t.v2，结果如图 4.4 所示。

现在我们想编辑表 t.v1 ，以便该表给我们提供列百分比。

```
round(prop.table(t.v1, margin = 2)*100, 1)
```

为了计算表的单元格中各条目的比例，可以使用 prop.table()。输入 t.v1 告知 prop.table() 要计算比例的表。输入 margin = 2 告知 R 计算列百分比。将表结果乘以 100 将为我们展示百分比而不是比例。最后，将 prop.table() 命令放在 round() 命令内将把表中的条目值四舍五入到一定数量的小数点；在我们的例子中，是一(1)个小数点。代码执行结果如图 4.5 所示。

4.4　叠加有响应的柱状图

柱状图是某个数值变量的频率分布的图形化表示。图 4.6 给出了叠加了 response 的 age 变量的柱状图。假如大多数客户的年龄范围是从 20 多岁到 60 多岁。因此，非标准化的柱状图对于查看数字变量的数值分布而言是很有用的。

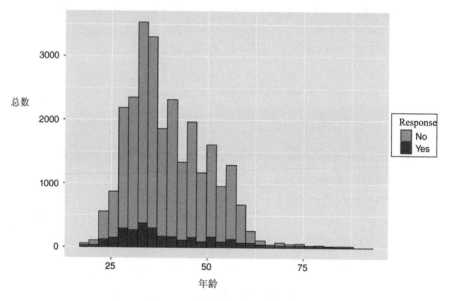

图 4.6　R 中叠加了 response 的 age 变量的柱状图

但是，再次发现这种图对于明确响应比例的任何模式都有点困难。为了更清晰地表明这些响应的比例，我们还要借助于叠加了 response 的标准化柱状图，如图 4.7 所示。采用此方法，响应模式一下子就变得显而易见。图中，开始时 20 多岁的客户的响应比例很高，然后到了 30~60 岁的年龄段，客户响应比例逐渐下降，然后到 60 岁以上客户的响应率又突然增加。因此，标准化的柱状图可以使我们更好地区分这些响应模式。但遗憾的是，标准化的柱状图不能展示我们的客户人群中年龄值的原始分布。

为此，我们需要了解柱状图的两个最佳实践。

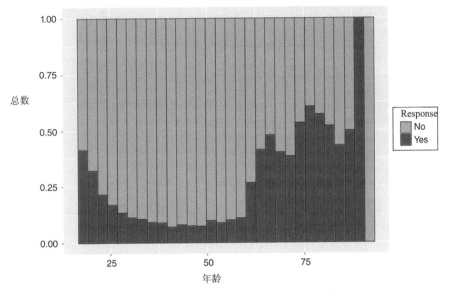

图 4.7 R 中叠加了 response 的 age 变量的标准化柱状图

最佳实践：柱状图

● 使用非标准化的柱状图获得数据值的原始分布。

● 如果有必要，使用标准化的柱状图将有助于更好地区分响应模式。

4.4.1 如何使用 Python 构建叠加柱状图

加载所需的软件包。

```
import numpy as np
import matplotlib.pyplot as plt
```

通过你希望使用的叠加变量分隔要绘制图形的变量。由于我们正在使用 response 叠加变量来创建一个 age 的柱状图，因此我们通过 response 变量的两个值来分隔变量 age，bank_train['age']。然后，将各自的变量保存为自己的变量。

```
bt_age_y = bank_train[bank_train.response == "yes"]
['age']
bt_age_n = bank_train[bank_train.response == "no"]
['age']
```

得到的结果是两个变量 bt_age_y 和 bt_age_n，它们各自含有 response = "yes"和 response = "no"的那些记录的年龄值。

创建好变量后，绘制一个表示这两个变量的堆叠柱状图。

```
plt.hist([bt_age_y, bt_age_n], bins = 10, stacked = True)
plt.legend(['Response = Yes', 'Response = No'])
plt.title('Histogram of Age with Response Overlay')
plt.xlabel('Age'); plt.ylabel('Frequency'); plt.show()
```

对于 hist()命令，输入 stacked = True 将堆叠这两个变量，同时 bins = 10 指定柱状图中分箱的数量。legend()、title()、xlabel()和 ylabel()命令指定了图例、标题、x 轴标签和 y 轴标签的值。最后，show()用于显示该图形，结果如图 4.8 所示。

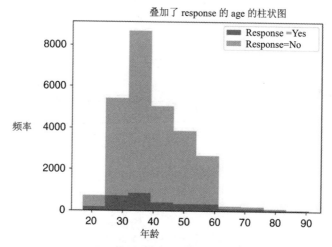

图 4.8　Python 中叠加了 response 的 age 的柱状图

现在我们将创建一个标准化的柱状图。首先，创建一个堆叠的柱状图，但这次将保存柱状图产生的信息。

```
(n, bins, patches) = plt.hist([bt_age_y, bt_age_n], bins =
10, stacked = True)
```

该代码的左侧保存了柱状图中的几条信息。具体来说，n 是柱状条的高度，bins 是柱状图中每个分箱的边界。请注意，由于在柱状图中绘制了两个变量，n 有两组数字。

第一组数字用于第一个变量，第二组数字用于第二个变量。每组数字中的第一个数字是每个变量的第一个柱状条的高度。

为了创建标准化的柱状图，我们需要知道每个变量所代表的每个分箱的比例。为了实现这一点，我们需要将 n 中包含的信息置于一个矩阵中，并获得列的比例。

若要开始构造矩阵，请使用 column_stack() 命令将两个变量柱状条的高度组合成一个数组。

```
n_table = np.column_stack((n[0], n[1]))
```

得到的 n_table 是一个两列矩阵，其中每列的条目保存每个柱状条的高度。

为了计算表示每个变量的柱状条所占的比例，我们需要将每一行的值除以该行值的和。

```
n_norm = n_table / n_table.sum(axis=1)[:, None]
```

现在，n_norm 中的每一行的值加起来等于 1，并且每一行中的列给出了构成该行的变量的比例。

在我们最后的准备步骤中，创建一个数组，它的行是每个分箱的准确分界。

```
ourbins = np.column_stack((bins[0:10], bins[1:11]))
```

ourbins 中的每一行给出了每个分箱的上界和下界。

现在，我们准备好开始创建标准化的柱状图。

```
p1 = plt.bar(x = ourbins[:,0], height = n_norm[:,0],
width = ourbins[:, 1] - ourbins[:, 0])
p2 = plt.bar(x = ourbins[:,0], height = n_norm[:,1],
width = ourbins[:, 1] - ourbins[:, 0],
bottom = n_norm[:,0])
plt.legend(['Response = Yes', 'Response = No'])
plt.title('Normalized Histogram of Age with Response
Overlay')
plt.xlabel('Age'); plt.ylabel('Proportion'); plt.show()
```

在 bar()命令中，x 输入指定箱体的上界和下界，height 输入使用我们之前创建的归一化的计数值来指定每个柱状条的两个部分的高度，width 输入重用原始条形图中的条形宽度。第二个 bar()命令中的 bottom = n_norm[:, 0]输入指定两个柱状条部分中的第二个柱状条要从第一个柱状条的顶部开始绘制。其余的命令与我们之前在堆叠条形图中使用的定制选项相同。代码输出结果如图 4.9 所示。

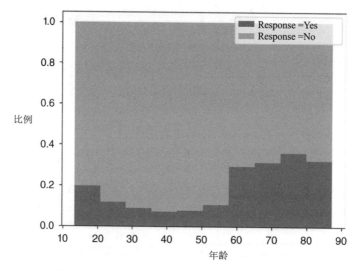

图 4.9　Python 中叠加了 response 的 age 的标准化柱状图

4.4.2　如何使用 R 构建叠加柱状图

我们从 ggplot()命令开始，使用指定的 bank_train 数据集并在 aes()命令中指定变量 age。为了绘制柱状图，我们添加了 geom_histogram()命令。

```
ggplot(bank_train, aes(age)) + geom_
histogram(color="black")
```

可选的输入 color = "black"在柱状图的每个柱状条的周围绘制黑线边。

为了使用目标变量向柱状图添加叠加物，向 geom_histogram()命令添加输入 aes(fill = response)。

```
ggplot(bank_train, aes(age)) + geom_histogram(aes(fill =
response), color="black")
```

得到带有叠加变量的柱状图如图 4.6 所示。

为了标准化柱状图，将输入 position ="fill"添加到 geom_histogram()命令中。

```
ggplot(bank_train, aes(age)) +
geom_histogram(aes(fill = response), color="black",
position = "fill")
```

得到的带有叠加变量的标准化柱状图如图 4.7 所示。

4.5　基于预测值的分箱

有些算法更适合采用分类变量而不是数字变量，此分析人员可以根据数字自变量的不同组数值相对于响应变量的表现，使用分箱方法推导新的分类变量。以图 4.7 为例，为了从数据中优化我们的信号，我们扪心自问：我们如何对年龄的数值进行分类，以便使这些分类的响应比例有更宽泛的变化？很明显，一类客户是 60 岁及 60 岁以上的客户，他们的响应率很高。这与中等年龄的群体(大概 20 多岁到 60 岁之间的客户)形成了对比，后者的响应概率较低。最后，还有最年轻的群体(20 多岁以下)，他们的反应率也较高。因此，在某种程度上可以将新变量定义为如下(27 岁的截止点有点随意；25 岁或 26 岁也适用)。

$$\text{age\_binned} = \begin{cases} 1: & \text{Under 27} \\ 2: & \text{27 to 60} \\ 3: & \text{60 and up} \end{cases}$$

图 4.10 显示了覆盖年龄段的条形图。图 4.11 显示了条形图的标准化版本。然后，图 4.12 显示了结合反应的年龄列联表，图 4.13 给出了列联表的百分比。显然，老年组和年轻组的应答率都比中间组高很多。遗憾的是，我们超过 90%的客户属于这个中间群体。

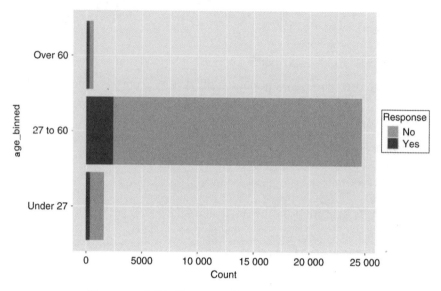

图 4.10　R 中叠加了 response 的 age_binned 的条形图

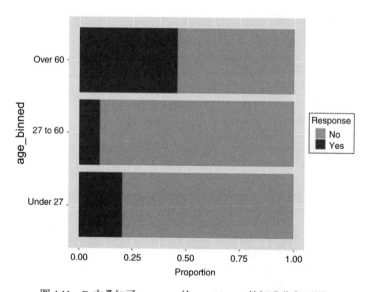

图 4.11　R 中叠加了 response 的 age_binned 的标准化条形图

```
        Under 27 27 to 60 Over 60 total
no          1255    22315     316 23886
yes          322     2399     267  2988
total       1577    24714     583 26874
```

图 4.12　R 中 age_binned 和 response 变量的列联表

```
            Under 27  27 to 60  Over 60
    no        79.6       90.3      54.2
    yes       20.4        9.7      45.8
```

图 4.13　R 中带有列百分比的 age_binned 和 response 变量的列联表

在此给出一个重要的有关分箱的最佳实践，请务必记住。

最佳实践：分箱

许多软件包提供"自动"分箱方法，例如相等类别宽度的分箱或相等记录数量每类别的分箱。尽管它们可能有其用途，但如果你有志于增强分析的预测能力，那么你应该总是尝试使用本节说明的基于预测值的分箱。

4.5.1　如何使用 Python 基于预测值执行分箱

加载所需的软件包。

```
import pandas as pd
```

使用 pandas 软件包的 cut() 命令对数值进行分箱操作。

```
bank_train['age_binned'] = pd.cut(x = bank_train['age'],
bins = [0, 27, 60.01, 100],
    labels=["Under 27", "27 to 60", "Over 60"], right =
False)
```

x=输入指定要划分为不同类别的变量。bins=输入指定每个分箱的边缘。labels=输入指定分箱标签。right=False 输入表明我们希望分箱不包括右侧的分界点。例如，第一个分箱将包括从 0 到 27 岁(但不包括 27 岁)之间的所有年龄段。我们通过使用 bank_train['age_binned']，将新的分类变量以名称 age_binned 保存在数据集中。

请注意，虽然我们对分箱有很直观的分割点，例如第一个分箱的下边界为零，最后一个分箱的上边界为 100，我们还有一个 60.01 的分割点。指定一个分割点为 60.01(或介于 60 和 61 之间但不包括 60 和 61 之间的任何数字)，并结合使用 right=false 输入，将可以确保我们的中间类别包括 27 到 60 岁之间的所有年龄段。具体来说，我们告诉 Python 从 27 到 60.01 岁(但不包括 60.01 岁)设置一个分箱。由于年龄在这个数据集中是整数，这样做实际上将使分箱包括 27~60 岁。

为了绘制叠加有响应的分箱图，请创建必要的列联表，并使用与前面所述代码类似的代码绘制它。得到的结果图如图 4.14 所示。

```
crosstab_02 = pd.crosstab(bank_train['age_binned'],
bank_train['response'])
crosstab_02.plot(kind='bar', stacked = True,
    title = 'Bar Graph of Age (Binned) with Response
Overlay')
```

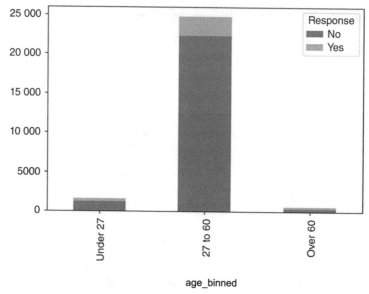

图 4.14　Python 中叠加了 response 的 age_binned 的条形图

若要创建标准化的条形图，请遵循前面讨论过的相同准则。得到的图如图 4.15 所示。

若有创建包含响应变量和新的分类变量的列联表，请使用 crosstab()命令。记住使用目标变量 response 作为表的行。为了得到含有列比例的表，请将 DIV()和 SUM()命令用于得到的表。我们前面使用 Python 创建柱状图时讨论过这段代码。

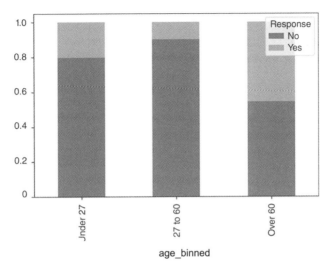

图 4.15　Python 中叠加了 response 的 age_binned 的标准化柱状图

4.5.2　如何使用 R 基于预测值执行分箱

为了创建分类变量，我们将针对 age 变量使用 cut()命令。

```
bank_train$age_binned <- cut(x = bank_train$age, breaks =
c(0, 27, 60.01, 100),
    right = FALSE, labels = c("Under 27", "27 to 60",
"Over 60"))
```

x 输入指定要分箱的变量。breaks 输入指定每个分箱的分割点。right = FALSE 输入表示应将每个分箱的右侧分割点从该类别中排除。可选的 labels 输入使用用户指定的标签覆盖每个分箱的默认标签，这些标签将按序应用于每个分箱(例如，Under 27 用于 0–27 的分箱)。我们使用分箱值 60.01 而不是 60，并且使用 right = FALSE 输入，原因与上面的 Python 部分讨论的情况相同。我们在 bank_train 数据集中将结果保存为 age_binned。

一旦我们有了分类变量，就可以使用前面介绍的 ggplot 命令，绘制该变量叠加有 response 的图形。

```
ggplot(bank_train, aes(age_binned)) + geom_bar(aes(fill =
response)) + coord_flip()
```

得到的叠加条形图如图 4.10 所示。要为这些变量创建标准化的条形图，请遵循与之前绘制的标准化条形图相同的准则。得到的标准化条形图如图 4.11 所示。

可以使用 table()命令构造一个含有我们的分类变量和响应变量的列联表，并使用 prop.table()命令创建一个含有列比例的表。前面已经讨论过这两个命令的详细信息，对应的代码如下。

```
t2 <- table(bank_train$response, bank_train$age_bin); t2
round(prop.table(t2, margin = 2)*100, 1)
```

注意到第一行中如何使用分号构造和保存表，以及在一行代码中实现表的打印。得到的表如图 4.12 和图 4.13 所示。

4.6　习题

概念辨析题

1. 什么情况下更适合使用探索性数据分析(Exploratory Data Analysis, EDA)而不使用假设检验？

2. 有哪些例子探讨 EDA 允许用户执行何种操作？

3. 我们使用哪种图形探讨分类自变量和目标变量之间的关系？

4. (非标准化)条形图有何用处？

5. 说明使用标准化条形图的一个优点和一个缺点。

6. 说明在使用条形图用于 EDA 时的两个最佳实践。

7. 列联表能帮助我们做什么？

8. 解释在 EDA 中使用列联表时的两个最佳实践？

9. 什么是柱状图(直方图)？

10. 描述使用标准化柱状图的一个优点和一个缺点。

11. 在 EDA 中使用柱状图的最佳实践是什么？

12. 分析者对一个数值变量进入分箱为什么有用呢？

13. 为什么我们要使用本章说明的分箱方法而不是自动分箱方法？

14. 从你对前面问题的解答中进行外推，并解释为什么数据科学家应该非常小心地使用自动数据分析方法。

数据处理题

对于以下练习，请使用 bank_marketing_training 数据集。可以使用 Python 或 R 求解下面每个问题。

15. 创建叠加了 response 的 previous_outcome 变量的条形图。

16. 创建叠加了 response 的 previous_outcome 变量的标准化条形图。描述 previous_outcome 和 response 之间的关系。

17. 创建 previous_outcome 和 response 的列联表。将列联表与非标准化条形图和标准化条形图进行比较。

18. 创建叠加了 response 的 age 的柱状图。

19. 创建叠加了 response 的 age 的标准化柱状图。描述 age 和 response 之间的关系。

20. 使用本章中说明的分箱方法对 age 变量进行分箱，并创建一个叠加了 response 的分箱的 age 变量的条形图。

实践分析题

对于习题 21~30，继续使用 bank_marketing_training 数据集，可以使用 Python 或 R 解答每个问题。

21. 绘制以下图形。每种图形的优点和缺点是什么？

　　a. marital 的条形图。

　　b. 叠加了 response 的 marital 的条形图。

　　c. 叠加了 response 的 marital 的标准化条形图。

22. 使用练习 21(c) 中的图形，描述 marital 和 response 之间的关系。

23. 使用 marital 和 response 变量执行如下操作。

　　a. 建立一个列联表，注意使用正确的变量表示行和列。报告总计数和列百分比。

　　b. 请描述列联表反映了什么信息。

24. 重复之前的习题，这次请报告行百分比。解释本表与之前的列联表说明的问题有何不同。

25. 绘制以下图形。说明每种图的优点是什么？缺点是什么？

　　a. duration(持续时间) 的柱状图。

　　b. 叠加了 response 的 duration(持续时间) 的柱状图。

　　c. 叠加了 response 的 duration(持续时间) 的标准化柱状图。

26. 使用练习 25(c) 中的图形，描述 duration 和 response 之间的关系。

27. 查看叠加了 response 的 duration 的非标准化和标准化柱状图。识别 duration 的截止点，以便分离低的响应值与高的响应值。使用你确定的截止点，定义一个新的分类变量 duration_binned。

28. 提供以下图表，并描述每个结果。

　　a. 带有总数和列百分比的 duration_binned 和 response 的列联表。

　　b. 叠加了 response 的 duration_binned 的非标准化条形图。

c. 叠加了 response 的 duration_binned 的标准化条形图。

29. 构建一个带有总数和列百分比的 job 和 response 的列联表。

30. 参照前面的练习，执行以下操作：

a. 根据以下 response(响应)百分比组合职业类别：0 < 10、10 < 25、25 < 33。将新变量命名为 job2。

b. 提供带有总数和列百分比的 response 和 job2 的列联表。请描述你所看到的内容。

c. 提供叠加了 response 的 job2 的标准化柱状图。描述其关系。

对于练习 31~36，使用 cereals 数据集。可以使用 Python 或 R 求解每个问题。

31. 创建叠加了 Type 的 Manuf 变量的条形图。

32. 创建叠加了 Type 的 Manuf 变量的标准化条形图。

33. 创建 Manuf 和 Type 的列联表。

34. 创建叠加了 Manuf 的 Calories(卡路里)变量的条形图。

35. 创建叠加了 Manuf 的 Calories 变量的标准化条形图。

36. 使用 0~90、90~110 和超过 110 卡路里的分箱对 Calories 变量进行分箱。创建一个叠加有 Manuf 的分箱的 Calories 变量的条形图。

对于练习 37~60，使用 adult_ch3_training 数据集。

对于练习 37~40，我们演示了为什么不建议在 EDA 阶段删除异常值，因为它会改变数据集的特性。

37. 考虑 capital-loss(资本损失)。使用 Z 评分法识别 capital-loss 中的异常值，观察存在多少异常值？

38. 针对这些异常值记录构建 Income 的条形图。

39. 针对 adult_ch3_training 数据集整体构建 Income 的条形图，不要忽略异常值。

40. 比较前两个练习中得到的条形图，描述两个条形图之间的区别。描述如果删除这些异常值记录将导致的数据集特性的变化。请阐明你对在 EDA 阶段删除异常值的看法。

41. 推导 capital-loss 的一个名为 capital-loss-flag 的标志，当 capital-loss 等于 0 时，该标志等于 0，否则该标志等于 1。提供 capital-loss-flag 的条形图。

42. 针对 capital-gain-flag 重复之前的练习。

43. 建立一个 capital-loss-flag 相对于 Income 的列联表，包括总数和列百分比。清晰地描述任何资本损失对 Income(收入)的影响。

44. 建立一个 capital-gain-flag 相对于 Income 的列联表，包括总数和列百分比。清楚地描述任何资本收益对 Income 的影响。

45. 为了准备后续的工作，将 workclass 重命名为 workclass-old，将 marital-status 重命名为 marital-status-old，并将 occupation 重命名为 occupation-old。

46. 构建一个 income 作为行且 workclass-old 作为列的列联表,并要求给出总数和列百分比。

47. 参照之前练习中的列联表,执行以下操作:

a. 提供一句话的理由,解释为什么我们应该将 never-worked 和 without-pay 合并到 no-pay 中。

b. 提供一句话的理由,解释为什么可以将 local-gov 和 state-gov 合并到 state-local-gov 中。

48. 执行上一个练习中提到的更改,同时将? 更改为 unknown。将新变量称为 workclass,构建一个 income 作为行且 workclass 作为列的列联表,并要有总数和列百分比。使用几句话简要描述得到的表。

49. 构建一个 income 作为行且 marital-status-old 作为列的列联表,并要求给出总数和列百分比。

50. 参考上一习题中的列联表,提供两句话的理由解释为什么我们应该将 Married-AF-spouse 和 Married-civ-spouse 合并到新的类别 Married 中,并将其他状态合并到新的类别 Other 中。

51. 执行上一个练习中提到的更改。构建一个 income 作为行且 marital-status 作为列的列联表,并要有总数和列百分比。使用几句话简要描述得到的表。

52. 构建一个 income 作为行且 occupation-old 作为列的列联表,并要有总数和列百分比。

53. 针对下面每一个合并操作,用一句话解释我们为什么应该这样做:

a. 将 Exec-managerial 和 Prof-specialty 合并到新的类别 Exec/prof 中。

b. 将收入百分比 > 50K 的职业合并到新的类别 Mid-level 中。

c. 将其余的职业合并到新的类别 Low-level 中。

d. 将 unknown 类别并入类别 Low-level 中。

54. 执行上一个练习中提到的更改。将新的变量称为 occupation。构建一个 income 作为行且 occupation 作为列的列联表,并要有总数和列百分比。使用几句话简要描述你的表。

55. 针对 education 变量执行以下操作。

a. 提供非标准化和标准化的叠加有 income 的 education 柱状图。

b. 用一句话描述图中关系,再用一句话描述你对 education(教育)对预测 income(收入)的作用的期望。

56. 对 age 变量执行以下操作。

a. 提供非标准化和标准化的叠加有 income 的 age 柱状图。

b. 用一句话描述图中关系。

c. 再用一句话说明如下分箱的理由:age < 30,age 30~60,age > 60。

57. 执行上一个练习中提到的分箱，派生一个新变量 age_binned。

　　a. 提供叠加了 income 的 age_binned 的标准化条形图。

　　b. 使用一句话解释该条形图。

58. 提供以下关于 sex 自变量的分析。

　　a. 叠加了 income 的 sex 的非标准化条形图。

　　b. 叠加了 income 的 sex 的标准化条形图。

　　c. 使用一句话解释标准化条形图。

59. 构造以下图表：

　　a. 叠加了 sex 的 occupation 的非标准化条形图。

　　b. 叠加了 sex 的 occupation 的标准化条形图。描述图中变量的关系。

60. 构建一个 sex 作为行且 occupation 作为列的列联表，其中包含总数和列百分比。将列联表与标准化条形图进行比较。

第**5**章
为建模数据做准备

5.1 迄今完成的任务

首先概括迄今为止我们的进展情况，我们正按照数据科学方法开展工作。

(1) 在第 3 章中，我们讨论了问题理解阶段的重要性。

(2) 同样在第 3 章中，我们还详细说明有关数据准备阶段的几个问题。

(3) 在第 4 章中，我们讨论了探索性数据分析阶段的一些重要主题。

(4) 现在，我们在第 5 章已经准备好开始熟悉设置阶段。

设置阶段包含许多非常重要的任务，在正式开始数据建模之前必须完成这些任务，其中包括：

- 对数据进行分区
- 验证数据分区
- 平衡数据
- 建立模型性能基准

在本章中，我们将依次讨论这些主题。

5.2 数据分区

数据科学方法论不使用统计推断范式，即从样本到群体进行归纳。这样做有两个原因：

(1) 将统计推理应用于数据科学中出现的庞大样本量，结果往往具有统计意义，尽管结果不具有实际意义。

(2) 在统计范式中，统计学家头脑中有一个先验假设，而数据科学方法论不需要这样的先验假设，而是在数据中自由搜索可操作的结果。

由于缺乏先验假设，数据科学家需要特别留意数据疏浚(或数据捕捞)，即仅仅由于随机变化并非真实存在效应发现的虚幻的结果。数据科学通过交叉验证(cross-validation)过程避免了数据疏浚，交叉验证是一种用于确保结果可推广适用于独立的不可见的数据集的技术。最常见的方法是双重交叉验证和 k 折交叉验证。在双重交叉验证中，使用随机分配将数据划分为训练数据集(training data set)和测试数据集(test data set)，后者也称维持数据集(holdout data set)。

训练集记录是完整的，但测试集记录应该(暂时)忽略目标变量。因此，数据科学模型可以使用训练数据集了解数据的模式和趋势。将这些模型用于测试集，在测试集中对目标变量的临时未知值进行预测。然后，使用总体误差率或均方误差等评估指标，根据(现在恢复的)真实目标值对这些预测进行评估。通过这种方式，交叉验证可以防止虚假结果，因为在训练数据集和测试数据集中很难出现相同的随机变化。

数据分区的大小因数据集的规模和复杂度而异。对于高度复杂的数据集，例如，神经网络模型需要了解数据中的许多非线性关系，推荐使用更多的训练记录，如原始数据的 75%～90%。此外，如果数据集非常大，则可以方便地在训练集中拥有更多的记录。另一方面，对于较小或复杂度较低的数据集，应该保留足够的记录以便进行准确的评估，这种情况下训练集将仅包含原始数据的 50%～67%。

5.2.1　如何使用 Python 对数据进行分区

导入如下的软件包:

```python
import pandas as pd
from sklearn.model_selection import train_test_split
import random
```

读入 bank_additional 数据集并将其命名为 bank。

```python
bank = pd.read_csv("C:/.../bank-additional.csv")
```

为了划分数据集，我们将使用命令 train_test_split()。

```python
bank_train, bank_test = train_test_split(bank, test_size =
0.25, random_state = 7)
```

该命令创建两个数据集，bank_train 和 bank_test。尽管数据集的名称可以是任意的，但测试数据集始终是第二个创建的数据集。第一个输入 bank 指定我们正在对 bank 数据

集进行分区，test_size = 0.25 的输入指明 25%的银行数据集应该在测试数据集中，其余
75%的数据应该在训练数据集中。random_state 输入为随机数生成器设置种子，随机数生
成器将随机地把数据拆分为训练数据集和测试数据集。输入值本身是任意的，重要的操
作是指定随机数种子，并在想要重复你的结果时使用相同的种子数。设置随机种子将可
确保你会得到与之前相同的答案。

要确认数据集被正确地分区，可以使用形状特征(shape feature)比较原始数据集、训
练数据集和测试数据集的形状。

```
bank.shape
bank_train.shape
bank_test.shape
```

bank_train.shape 和 bank_test.shape 输出的第一个数字加起来应该等于 bank.shape 输
出的第一个数字。此外，bank_test.shape 输出的第一个数字应该大约是 bank.shape 输出的
第一个数字大小的 25%。

5.2.2　如何使用 R 对数据进行分区

将 bank-additional 数据集作为 bank 读入 R。接下来，我们需要为随机数生成器设置
"种子(seed)"，我们将在本节的后面使用它。

```
set.seed(7)
```

set.seed()命令输入的数字是任意的。但是，如果你想要重新运行代码并获得相同的
随机结果，则种子(无论是什么)必须与初始运行中使用的种子匹配。在我们的例子中，
种子是 7。

为了准备对数据进行分区，我们首先要识别数据集中有多少记录：

```
n <- dim(bank)[1]
```

dim()命令及其附加的[1]规范的用法如之前的章节所述。

一旦我们知道了记录数 n，就可以通过一个随机数生成器确定哪些记录将在训练数
据集中。

```
train_ind <- runif(n) < 0.75
```

runif()命令随机抽取 0 到 1 之间的数字，并且每个数字的概率都相等。输入 n 将生成 n 个这样的数字，对应数据集中的每个记录。条件 < 0.75 将查看 runif()生成的每个数字是否大于或小于 0.75。如果数字小于 0.75，则返回值"TRUE(真)"；如果数字大于 0.75，则返回值"FALSE(假)"。你可以单独运行 train-ind 来查看一连串的 TRUE 和 FALSE 值。虽然 runif()生成的数字每次都不相同，但平均下来约 75%的数字是真的。

现在我们拥有了一系列的 TRUE 和 FALSE 值，将使用它们创建训练数据集和测试数据集。通过为每个分区指定感兴趣的行，我们使用括号标记法将 bank 数据集划分成两部分。记住，括号标记法在逗号前指定感兴趣的行并在逗号后指定感兴趣的列。

```
bank_train <- bank[ train_ind, ]
bank_test <- bank[ !train_ind, ]
```

通过运行 bank[train_ind,]，我们只划分出 bank 数据集中 train_ind 值等于 TRUE 的那些记录。由于 train_ind 中约 75%的值等于 TRUE，bank 中约 75%的记录将在 bank_train 数据集中。对于 bank_test 数据集，我们只需要那些 train_ind 值等于 FALSE 的 bank 记录。通过使用 bank[!train_ind,]命令，我们只划分出 train_ind 值不等于 TRUE 的 bank 记录进行子集(其中"不等于"由感叹号！表示)。

我们现在有了训练数据集和测试数据集。

5.3　验证数据分区

由于整个数据科学方法论的合理性取决于数据分区的有效性，因此检查训练数据集和测试数据集之间不存在系统性差异是至关重要的。为此，可以通过基于逐个变量的检查来发现训练集和测试集是否不同。因为数据集中可能有许多变量，所以可以限定自己对随机选择的一小部分变量进行抽查。根据所涉及的变量类型，需要进行不同的统计测试。

- 对于数值变量，使用计算平均值差异的两样本 t 检验。
- 对于具有两个类别的分类变量，使用计算比例差异的两样本 z 检验。
- 对于超过两类的分类变量，使用比例均匀性测试。

5.4 平衡训练数据集

在一些分类模型中，如果一个目标变量类出现的频率相比其他类低得多，在这种情况下，很可能建议平衡训练数据集。平衡数据的目的是针对每个类别分类算法都能较充分地选择记录。这样，算法就有机会了解所有类型的记录，而不仅仅是那些出现频率较高的记录。例如，假设 10 万个信用卡交易中有 1000 个是欺诈性的。分类模型只需要简单预测每笔交易是"非欺诈性"，就能达到99%的准确率。显然，这个模型是无用的。

相反，分析师应该平衡训练集，以增加欺诈交易的比例。这种平衡是通过重新抽样一些欺诈性(稀少的)记录来实现的。

重采样(Resampling)是从数据集中随机抽样并加以替换的过程。举个例子，目前我们的欺诈性记录占我们训练数据集的 1%。假设我们想把这个比例增加到 25%，我们会增加 32 000 个重新抽样的欺诈记录，这样我们总共有 33 000 个欺诈记录。训练集中的记录总数为 100 000+32 000=132 000。因此，我们将得到期望的(33 000/132 000=0.25)，即 25%的欺诈记录。

那么，我们如何得到32 000份这个神奇数字的重采样记录？我们使用的是以下等式：

$$1000+x = 0.25(100\ 000+x)$$

求解上述公式可以得出 x，即所需重采样的额外记录数。上述等式的更为一般的形式如下：

$$\text{rare}+x = p(\text{records}+x)$$

对其求解，得到 x 如下：

$$x = \frac{p(\text{records}) - \text{rare}}{1-p}$$

其中，x 是所需的重采样的记录数，p 是平衡后的数据集中期望的稀缺值比例，records是未平衡的数据集中的记录数，rare 表示当前的稀缺目标值的数量。

千万不要平衡测试数据集！请记住，测试数据集代表数据模型从未见过的测试数据。因为现实世界中不会为了我们分类模型的方便，轻易地重新平衡实际的数据集，所以我们的测试集也不应该被重新平衡。此外，所有模型评估都将应用于测试数据集，这意味着模型将在类似测试数据条件的现实世界中进行评估。

5.4.1 如何使用 Python 平衡训练数据集

首先，我们要确定 bank_train 中有多少条记录具有较少见的值，对于 response(响应)变量而言就是 yes，可以使用如下的 value_counts()命令。

```
bank_train['response'].value_counts()
```

响应为"是"的记录数量将根据数据分区而变化。对于使用之前的 Python 代码中指定的随机种子生成的分区，训练数据集中有 3089 条记录，其中 338 条记录的 response 值为 yes。因此，大约 12% 的训练数据集的 response 值为 yes。

假如，我们希望将值为"是"的响应的百分比增加到 30%。由于 $p = 0.3$，records = 3089，rare = 338，我们将得到：

$$x = \frac{0.3 \times 3089 - 338}{0.7} = 841$$

也就是说，我们需要重新采样 841 条响应为"是"的记录，并将它们添加到我们的训练数据集中。

为了开始重新采样，我们将隔离要重采样的记录。

```
to_resample = bank_train.loc[bank_train['response'] ==
"yes"]
```

loc 命令根据条件 bank_train['response']=="yes" 对 bank_train 数据进行划分，并将得到的数据集保存为 to_resample。

接下来，我们需要从感兴趣的记录中取样：

```
our_resample = to_resample.sample(n = 841, replace = True)
```

sample() 命令随机从 to_resample 中抽取记录，它保存我们要重采样的记录。输入 $n = 841$ 指定要抽取的记录数，而输入 replace = True 指定要用替换方式进行采样。输出是由 841 个随机重采样的记录组成的数据集，我们以 our_resample 的名称保存该数据集。

最后，我们将重新取样的记录添加到原始的训练数据集中。

```
bank_train_rebal = pd.concat([bank_train, our_resample])
```

concat() 命令通过将行放在彼此的顶部来连接两个数据集。得到的结果是一个由 bank_train 和 our_resample 中的记录构成的单独数据集，以 bank_train_rebal 的名称将其保存为它自己的数据集。

为了检查是否获得了期望比例的值为"是"的响应，请检查 response 变量的表。

```
bank_train_rebal["response"].value_counts()
```

得到的表如图 5.1 所示。现在 3930 条记录中有 1179 条记录的响应值为"是"，约占总数的 30%。

```
In [44]: bank_train_rebal['response'].value_counts()
Out[44]:
no     2751
yes    1179
Name: response, dtype: int64
```

图 5.1　Python 中在重新平衡数据后 response 的表

5.4.2　如何使用 R 平衡训练数据集

首先，让我们找出 bank_train 数据集中有多少记录的响应值为"是"。

```
table(bank_train$response)
```

对于每种数据分区，响应为"是"的记录数量将不同。对于根据前面的 R 代码中使用的随机种子得到的分区，训练数据集中有 3103 条记录，其中 336 条记录的响应值为"是"。这表明训练数据集中大约 11% 的数据的响应值为"是"。

让我们重新取样，将值为"是"的响应的百分比增加到 30%。由于设定 $p = 0.3$，records $= 3103$，且 rare $= 336$，我们得到：

$$x = \frac{0.3 \times 3103 - 336}{0.7} = 850$$

也就是说，我们需要重新取样 850 条响应为"是"的记录，并将它们添加到我们的训练数据集中。

首先，我们使用 which() 命令标识要重新采样的记录索引。

```
to.resample < - which(bank_train$response == "yes")
```

which() 命令返回与满足指定条件的记录对应的行数。在我们的例子中，我们希望返回 y 值为"是"的那些记录的行数，因此我们的条件是 bank_train$response=="yes"。我们将记录数保存在 to.resample 中，因为这些是我们重采样的值。

接下来，我们随机采样 to.resample 中的值。

```
our.resample < - sample(x = to.resample, size = 850,
replace = TRUE)
```

输入 x = to.resample 指定我们希望从之前创建的一系列记录索引中进行采样。输入 size = 850 指定应该重新取样多少记录数。输入 replace = TRUE 告诉算法用替换方式进行采样。输出是从 to.resample 向量中采样得到的一连串 850 个记录索引。

现在我们想要获取其记录数保存在 our.resample 中的记录。

```
our.resample <- bank_train[our.resample, ]
```

使用括号表示法可以为我们完成此操作。新数据集 our.resample 中的记录数为 850，这是我们要重新取样的记录数。

最后，我们需要将重新取样的记录添加回我们原始的训练数据集中。

```
train_bank_rebal <- rbind(bank_train, our.resample)
```

rbind()命令代表 row bind，这意味着通过将行放在彼此的顶部来叠加两个数据集。通过在原始的训练数据集 bank_train 上使用 rbind()及使用 our.resample 中 850 个重新取样的记录，我们创建了重新平衡的数据集，我们将其命名为 train_bank_rebal。

要确认重新取样已经得到了所需数量的稀缺记录，请查看我们重新平衡的数据集中的 response 值的表。

```
t.v1 <- table(train_bank_rebal$response)
t.v2 <- rbind(t.v1, round(prop.table(t.v1), 4))
colnames(t.v2) <- c("Response = No", "Response = Yes");
rownames(t.v2) <- c("Count", "Proportion")
t.v2
```

结果如图 5.2 所示。响应为"是"的百分比约为 30%，这正是我们想要的稀缺记录的百分比。

	响应 = No	响应 = Yes
总数	2767.0	1186.0
比例	0.7	0.3

图 5.2　R 中数据重新平衡后的 response 值的表

5.5　建立模型性能基准

在评估模型性能之前，数据科学家应该首先根据某种模型性能基准校准结果。例如，在上面的信用卡欺诈情景中，假设我们开发了一个复杂的欺诈检测模型，可以达到98%的准确度。该模型听起来令人印象深刻，但是我们发现一个将所有记录归类为非欺诈性的"完全负面"模型将有高达99%的准确度。如果没有与此性能基准进行比较，我们的客户就无法确定我们的结果是否有用。

我们将为二元分类情况提供以下两个基准模型。

用于二元分类的基准模型

假设二元目标类中的一个类代表正面的(positive)，另一个类代表负面的(negative)。
令 p 表示数据中正面响应的记录比例。

- **完全正面模型**(All Positive Model)。预测所有响应都是正面的。
  - 该模型的准确度将是 p。
- **完全负面模型**(All Negative Model)。预测所有响应都是负面的。
  - 该模型的准确度将是 $1-p$。

例如，在我们的欺诈情景中，$p = 0.01$ 或 1%的欺诈记录，在此我们令欺诈记录代表
正面的。则完全正面模型的准确度为 0.01，完全负面模型的准确度为 0.99。我们开发的
任何模型都需要超过此 99%的准确度[1]，才能认为该模型是有用的。

可以将此方式扩展到 k 元的情况，如下面 $k \geqslant 3$ 的情况：

---

k 元分类的基准模型

假设有 k 个响应变量的类别，即 $C_1, C_2, ..., C_k$。
令 p_i 代表数据中类别 C_i 记录的比例，i $= 1, ..., k$。

- **最大类别模型**(Biggest Category Model)。预测的所有结果属于最大的类别。
  - 该模型的准确率是 p_{max}，即最大的 p_i。

例如，如果你的训练集有 30%的民主党人、30%的共和党人和 40%的独立人士，那
么基准模型是将所有记录指派给独立人士，并且该模型的准确度为 40%。

那么，我们的估计问题应该用什么样的基准模型呢？对于回归，可以简单地将我们
的估计与 $y = \bar{y}$ 模型进行比较，其中每个记录的响应估计就是平均响应。但这基准实在
太低了，因为几乎所有的回归模型都会超过这个基准。注意，基准的 $y = \bar{y}$ 模型完全忽
略了自变量中的大量信息。相反，可以问这样一个问题："主题领域专家认为一个普通的
预测错误是什么？"。举个例子，如果我们是一家贷款公司，试图估计我们的抵押贷款客
户能负担的贷款金额是多少，我们可能会说，可以接受一个通常偏差 5 万美元的模型，
因此将这一偏差视为一个普通的预测错误。然后，当我们建立回归模型时，我们需要确
定 s 的值(即估计的标准误差)小于 50 000 美元[2]。

当然，校准任何模型的最佳基准是将其与文献(或专属商业模型)提供的最新金标准

---

1 如果我们想使用准确度作为选择最佳模型的方法，但实际情况并非如此，请参看第 7 章。

2 参看第 11 章。

模型性能进行比较。例如，假设我们的贷款公司几年前做过一项研究，在研究中他们获得了 25 000 美元的标准误差。然后，这个 $s = 25\,000$ 美元是我们的基线基准，我们构建的模型将与之进行比较。

简而言之，在本章中我们已学习了数据科学方法的设置阶段，它主要包括以下步骤：

- 对数据进行分区
- 验证数据分区
- 平衡数据
- 建立基准模型性能

接下来，可以开始转到第 6 章的建模阶段。

5.6　习题

概念辨析题

1. 在设置阶段应执行哪四项任务？
2. 说明数据科学方法并不遵循常用的统计推断范式的两个原因。
3. 描述什么是数据疏浚，以及说明数据科学家需要避开它。
4. 数据科学家如何避免数据疏浚？
5. 描述训练数据集和测试数据集之间的差异。
6. 在验证数据分区时，数据科学家是否需要检查每个字段？
7. 在验证数据分区时，对数值变量使用哪种统计检验？
8. 什么是数据平衡？为什么要使用它？
9. 描述本章中重采样的含义。
10. 何时应该平衡测试数据集？
11. 为什么建立基准模型性能很重要？
12. 说明用于二元分类的两种基线模型。
13. 判断题：对于 k 元分类不存在基准模型。
14. 校准模型性能的最佳基准是什么？

数据处理题

对于练习 15~20，将使用 bank_additional 数据集，你可以使用 Python 或 R 解决每个问题。

15. 对数据集进行分区，使 75%的记录包含在训练数据集中，25%的记录包含在测试数据集中。使用条形图确认你的比例。

16. 识别训练数据集中的记录总数，并查看训练数据集中有多少记录的 response 变量值为 yes。

17. 使用上一个练习中的答案计算需要重新取样的值为"是"的响应记录的数量，以便使重新平衡后的数据集中有 20%的记录的响应值为"是"。

18. 执行上一个练习中描述的数据重平衡，并确认重新平衡数据集中 20%的记录的响应值为"是"。

19. 我们是否应该平衡你之前创建的测试数据集？请解释具体原因。

20. 我们使用哪种基线模型比较分类模型的性能？此基准模型的所有预测值是什么？这个基线模型的准确度是多少？

实践分析题

对于习题 21~28，将使用 adult 数据集。

21. 对数据集进行分区，以便使 50%的记录包含在训练数据集中，其余 50%的记录包含在测试数据集中。使用条形图确认你的比例。

22. 确定训练数据集中的记录总数，以及训练数据集中有多少条记录的收入值大于 50 K。

23. 使用上一个练习中的答案计算需要重新采样的收入大于 50 K 的记录数量，以便使重新平衡的数据集中的 35%记录的收入大于 50 K。

24. 执行上一个练习中描述的重新平衡，并确认重新平衡数据集中 35%的记录的收入大于 50K。

25. 我们使用哪种基线模型比较分类模型的性能？此基准模型的所有预测值是什么？这个基线模型的准确度是多少？

26. 通过执行计算均值差异的两样本 z 检验来验证你的分区，以确定训练集中 age 平均值与测试集中 age 平均值的差异。

27. 通过执行计算比例差异的两样本 z 检验来验证你的分区，以确定训练集中收入大于 50K 的记录比例与测试集中收入大于 50K 的记录比例之间的差异。

对于练习 28~34，使用客户 churn 数据集。

28. 对数据集进行分区，以便使 67%的记录包含在训练数据集中，33%的记录包含在测试数据集中。使用条形图确认你的比例。

29. 确定训练数据集中的记录总数以及训练数据集中有多少记录的客户流失值为真。

30. 使用上一练习中的答案计算需要重新取样的客户流失值为真的记录数，以便使重新平衡的数据集中 20%记录的客户流失值为真。

31. 执行上一个练习中描述的重新平衡，并确认重新平衡数据集中 20%的记录的客户流失值为真。

32. 我们使用哪种基准模型比较分类模型的性能？此基准模型的所有预测值是什么？这个基准模型的准确度是多少？

33. 通过测试训练集与测试集的平均每日分钟数的差异验证分区。

34. 通过测试训练集与测试集的真实客户流失记录比例的差异验证分区。

对于练习 35，使用 cereals 数据集。在这里，我们试图根据一组自变量估计一个数值目标，即营养等级。

35. 我们使用哪种基准模型比较我们的估计模型的性能？此基准模型的所有预测值将是什么？

第 **6** 章

决 策 树

6.1 决策树简介

迄今，我们已经学习了数据科学方法的前四个阶段：

(1) 数据理解阶段

(2) 数据准备阶段

(3) 探索性数据分析阶段

(4) 设置阶段

至此，我们终于准备好在建模阶段对数据开始建模了。数据科学为建模大型数据集提供了多种方法和算法。我们从一种最简单的方法开始讲起：决策树。在本章中，我们使用 adult_ch6_training 和 adult_ch6_test 数据集。这些数据取自 UCI 数据仓库中的 Adult 数据集。为了简单起见，只保留两个自变量和目标变量，如下所示：

- Marital status(婚姻状况)是一个分类别的自变量，包括的类别有：married(已婚)、divorced(离婚)、never-married(未婚)、separated(分居)和 widowed(丧偶)。

- Cap_gains_losses 是一个数值型自变量，等于资本收益+资本损失。

- Income(收入)是一个分类别的目标变量，它包括两个类：>50K 和≤50K，分别代表年收入超过 50 000 美元的个人，以及年收入小于等于 50 000 美元的那些人。

决策树(decision tree)由一组通过分支相连的决策节点组成，并且从根节点向下延伸直到叶节点终止。由于从根节点开始，因此按照惯例根节点放在决策树示意图的顶部。在决策节点上对变量进行测试，每个可能的结果都会产生一个分支。然后，每个分支要么通向另一个决策节点，要么通向一个终止的叶节点。图 6.1 提供了一个简单决策树示例，它使用了分类和回归树(CART)算法，并将其用于 adult_ch6_training 数据集中的 18 761 条记录。

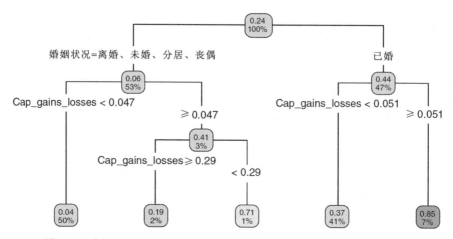

图 6.1　R 中用于对 adult_ch6_training 数据集中的响应结果进行分类的决策树

可以想象所有数据记录都是通过树顶部的根节点进入决策树的，并根据每个决策节点上关于变量值的决策情况在树中向下移动。根节点上的 100%证实了这一点。根节点还告诉我们，adult_ch6_training 数据集中 24%(0.24)的记录具有高收入(>50K)。因此，每个节点都告诉我们该节点上高收入记录的比例，以及到达该节点的记录的百分比。在根节点分支(分割)中，根据变量 marital status(婚姻状况)的值，CART 算法将最有效的二元分支标识为将记录分为两组，一组的 marital status 为 married(已婚)，另一组包含所有其他婚姻状况：divorced(离婚)、never-married(未婚)、separated(分居)和 widowed(丧偶)。请注意，已婚组的高收入记录达 44%，而另一组只有 6%的高收入记录。这种显著差别正是为什么这个分支被 CART 算法选为根节点分支的原因。还需要注意的是，根节点分支差不多对半分割数据集，即 47%的数据是已婚的，53%的数据是未婚的。

在已婚节点上，CART 将基于 Cap_gains_losses 变量执行第二次分割。如果(最小-最大归一化)资本收益和损失(资本损益)超过 0.051，则 85%的记录具有高收入。然而，这组代表具有高资本损益的已婚人士的记录仅占训练数据集总数的 7%，如右下角的叶节点所示。另一方面，已婚但资本损益率不高的那些人占到数据集的 41%，但其中高收入者仅占 37%。右下角的两个节点是叶节点，因为对它们没有做进一步的分割。

返回到婚姻状况为 non-married 的节点上的记录，可以看到，该节点也是根据标准化资本损益值进行分割的。未结婚且资本损益值不高的个人占训练数据集总数的 50%。其中，仅有 4%的人是高收入。资本收益和损失值较高的非已婚人士仅占数据集的 3%，但这类人的高收入比例很高：41%。最后的分割是针对这 3%的记录执行的，可以更精细地调整资本损益水平，其中资本损益值较低的组中高收入比例为 71%，资本损益值较高的组中高收入比例为 19%。当节点无法进一步分裂时决策树将停止生长。

那么，决策树是如何工作的呢？决策树试图创建一组尽可能"纯净"的叶节点，也就是说，特定叶节点中的每个记录都具有相同的分类。基于这种方式，决策树可以提供具有最高置信度的分类配置方案。然而，如何测量一致性，或者相反，如何测量异质性呢？我们将研究度量叶节点纯度的多种方法中的两种方法，这两种方法延伸出了构建决策树的两种主流算法：

- CART 算法
- C5.0 算法

6.2　分类与回归树

CART 方法生成严格二元的决策树，即每个决策节点都只能包含两个分支。CART 递归地将训练数据集中的记录划分为针对目标属性具有类似值的记录子集。CART 算法通过对每个决策节点执行详尽的搜索，搜索所有可用变量和所有可能的分割值，根据基尼指数(Gini Index)选择最佳分割(由 Kennedy 等人发明)。

令 $\Phi(s\,|\,t)$ 是对节点 t 上一个候选分割 s 的"适宜度"的度量，在此

$$\Phi(s\,|\,t) = 2P_\mathrm{L}P_\mathrm{R} \sum_{j=1}^{\#\mathrm{classes}} |P(j\,|\,t_\mathrm{L}) - P(j\,|\,t_\mathrm{R})|$$

其中

t_L=节点 t 的左子节点

t_R=节点 t 的右子节点

$$P_\mathrm{L} = \frac{t_\mathrm{L}\text{节点处的记录数}}{\text{训练集中的记录数}}$$

$$P_\mathrm{R} = \frac{t_\mathrm{R}\text{节点处的记录数}}{\text{训练集中的记录数}}$$

$$P(j\,|\,t_\mathrm{L}) = \frac{t_\mathrm{L}\text{节点处类别}\,j\,\text{的记录数}}{\text{节点}\,t\,\text{处的记录数}}$$

$$P(j\,|\,t_\mathrm{R}) = \frac{t_\mathrm{R}\text{节点处类别}\,j\,\text{的记录数}}{\text{节点}\,t\text{处的记录数}}$$

然后，最佳分割是在节点 t 的所有可能的分割上可以最大化上述 $\Phi(s\,|\,t)$ 度量值的分割。因此，CART 确定图 6.1 中的根节点分割为在所有候选的根节点分割中最大化 $\Phi(s\,|\,t)$ 的分割。

6.2.1　如何使用 Python 构建 CART 决策树

加载所需的软件包并以名称 adult_tr 读入训练数据集。

```
import pandas as pd
import numpy as np
import statsmodels.tools.tools as stattools
from sklearn.tree import Decision Tree Classifier, export_
graphviz
adult_tr = pd.read_csv("C:/.../adult_ch6_training")
```

为了简单起见，我们将 Income 变量保存为 *y*。

```
y = adult_tr[['Income']]
```

我们在自变量中有一个分类变量，Marital status(婚姻状况)。在 sklearn 包中实现的 CART 模型需要将分类变量转换为虚拟变量(哑变量)形式。因此，我们将使用 categorical() 命令为 Marital status 创建一系列虚拟变量。

```
mar_np = np.array(adult_tr['Marital status'])
(mar_cat, mar_cat_dict) = stattools.categorical(mar_np,
  drop=True, dictnames = True)
```

我们使用 array()将变量 Marital status 转换为一个数组，然后使用 stattools 包中的 categorical()命令为每个婚姻状况的每个值创建一个虚拟变量矩阵。我们使用(mar_cat, mar_cat_dict)分别保存矩阵和字典。

矩阵 mar_cat 包含五列，每一列分别对应于原始 Marital status 变量中的每个类别。每一行代表 adult_tr 数据集中的一条记录。每一行将某个列的值设为 1，该列与 Marital status 变量中记录的值相匹配。你可以通过查看 mar_cat_dict 来了解哪个列代表的具体类别。在我们的例子中，mar_cat 的第一行在第三列中有一个 1。通过检查 mar_cat_dict，我们知道第三列代表 Never married 类别。可以肯定的是，adult_tr 的第一条记录 Never married 作为 Marital status 变量的值。

现在，我们需要将新生成的虚拟变量添加回 *X* 变量中。

```
mar_cat_pd = pd.Data Frame(mar_cat)
X = pd.concat((adult_tr[['Cap_Gains_Losses']], mar_cat_
pd), axis = 1)
```

我们首先使用 DataFrame()命令使 mar_cat 矩阵成为一个数据帧。然后，我们使用

concat()命令将自变量 Cap_Gains_Losses 附加到表示婚姻状况的虚拟变量的数据帧中。最后，我们将结果保存为 X。

在我们运行 CART 算法之前，请注意 X 的列不包含 Marital status 变量的各种不同值。运行 mar_cat_dict，查看第一列对应的值是 Divorced，第二列对应的值是 Married，如此等等。由于 X 的第一列是 Cap_Gains_Losses，所以可以指定 X 中每一列的名称。

```
X_names = ["Cap_Gains_Losses", "Divorced", "Married",
"Never-married",
    "Separated", "Widowed"]
```

可视化 CART 模型还有助于我们了解 y 的层级。

```
y_names = ["<=50K", ">50K"]
```

现在，我们为运行 CART 算法做好了准备！

```
cart01 = Decision Tree Classifier(criterion = "gini", max_
leaf_nodes=5).fit(X,y)
```

为了运行 CART 算法，我们使用 DecisionTreeClassifier()命令。DecisionTreeClassifier() 命令为决策树设置各种参数。例如，输入 criterion = "gini"指定我们正在使用一种利用 Gini 标准的 CART 模型，并且输入 max_leaf_nodes 将 CART 树修剪为最多具有指定数量的叶子节点。对于本例，我们将决策树限定为五个叶子节点。

fit()命令告诉 Python 对先前指定的决策树进行数据拟合。先给出自变量，然后给出目标变量。因此，fit()的两个输入是我们创建的 X 和 y 对象。我们将决策树保存为 cart01。

最后，为了获得树结构，我们使用 export_graphviz()命令。

```
export_graphviz(cart01, out_file = "C:/.../cart01.dot",
feature_names=X_names, class_names=y_names)
```

第一个输入是决策树本身，我们将其保存为 cart01。输入 out_file 将把树结构保存到指定的位置，并将文件命名为 cart01.dot。通过 graphviz 软件包运行文件的内容，以可视化 CART 模型。指定 feature_names = X_names 以及 class_names=y_names 将把自变量名称和目标变量值添加到 cart01.dot 文件中，大大提高了其可读性。

若要获得训练数据集中每个变量的 Income(收入)变量的分类，请使用 predict()命令：

```
predIncomeCART = cart01.predict(X)
```

在 cart01 上使用 predict()命令表明我们希望使用 CART 模型进行分类。将自变量 X 作为输入指定我们特别希望对这些记录进行预测。结果就是根据我们的 CART 模型对训练数据集中的每条记录进行分类。我们将预测保存为 predIncomeCART。

6.2.2 如何使用 R 构建 CART 决策树

导入训练数据集并将其命名为 adult_tr。将该数据集加载到 R 中后，将 Marital status 重命名为"maritalStatus"以删除空格。这一更改将会在以后改良我们的代码。

```
colnames(adult_tr)[1] <- "maritalStatus"
```

colnames()命令列出 adult_tr 数据集中每个变量的名称。单独运行该命令，它将按顺序输出列名。请注意，第一列包含 Marital status 变量。使用 colnames(adult_tr)结尾处的[1] 隔离 Marital status 的变量名。然后，我们通过创建字符串"maritalStatus"并将其保存为变量的名称来重命名该变量。

然后我们将两个分类变量都改为因子(变量)。

```
adult_tr$Income <- factor(adult_tr$Income)
adult_tr$marital Status <- factor(adult_tr$marital Status)
```

要运行和可视化 CART 模型，我们需要安装并打开所需的软件包，rpart 和 rpart.plot。

```
install.packages(c("rpart", "rpart.plot"))
library(rpart); library(rpart.plot)
```

最后，让我们运行 rpart()命令构建 CART 模型。

```
cart01 <- rpart(formula = Income ~ marital Status + Cap_
Gains_Losses,
     data = adult_tr, method = "class")
```

formula 输入具有 Target~Predictors 形式的结构,其中不同自变量的名称由加号分隔。data 输入指定变量来自哪个数据集。method="class"输入指定我们想要使用一种分类(CART)模型。最后,我们将生成的模型保存为 cart01。

构建 CART 模型后,可以使用 rpart.plot 命令以默认显示选项绘制 CART 模型。

```
rpart.plot(cart01)
```

rpart.plot()命令只需要输入保存 CART 模型的名称,因为我们称此模型为 cart01,这是我们的输入。

请注意,使用 rpart.plot()的默认设置生成的绘图与图 6.1 并不同。那么还有什么其他设置呢?

```
?rpart.plot
```

运行?rpart.plot 可以查看位于 type 和 extra 参数下的不同显示选项。尝试使用 type = 4 为每个分支标记其特定值,而不是在分支顶部添加 yes/no;并使用 extra = 2 为每个节点添加正确的分类比例。

```
rpart.plot(cart01, type = 4, extra = 2)
```

此时得到的结果如图 6.1 所示。

要使用 CART 模型获取数据集中每个记录的分类,首先需要创建一个数据帧,其中包含你想要分类的记录的自变量。

```
X = data.frame(marital Status = adult_tr$marital Status,
Cap_Gains_Losses =
    adult_tr$Cap_Gains_Losses)
```

数据帧 X 包含用于构建 CART 模型的两个自变量。这一新数据帧中的变量名必须与用于构建 CART 模型的变量名完全匹配,这一点非常重要。

一旦你有了想要分类的自变量,就可以使用 predict()命令。

```
predIncomeCART = predict(object = cart01, newdata = X,
type = "class")
```

object = cart01 输入声明分类是使用保存为 cart01 的 CART 模型实现的。newdata = X 将数据帧 X 中的数据发送到 CART 模型中，以便到达叶节点并完成分类。type = "class" 输入指定要将分类本身作为输出。我们将预测结果保存为 predIncomeCART。

6.3　用于构建决策树的 C5.0 算法

C5.0 算法是 J.Ross Quinlan 对自己提出的 C4.5 决策树生成算法的扩展。与 CART 不同，C5.0 算法不局限于二元分割。C5.0 算法利用信息增益(information gain) 或熵约简 (entropy reduction)的概念来选择最优分割。假设我们有一个变量 X，它的 k 个可能值的概率分别为 p_1，p_2，…，p_k。为了传输代表观测的 X 值的符号流，所需的每符号平均最小比特数称为 X 的熵，定义为：

$$H(X) = -\sum_j p_j \ \log_2(p_j)$$

C5.0 按照如下方式使用熵。假设我们有一个候选的分割 S，它将训练数据集 T 划分为多个子集，T_1，T_2，…，T_k。那么需要的平均信息量可以计算为各个子集的熵的加权和，如下所示：

$$H_S(T) = -\sum_{i=1}^{k} p_i H_S(T_i)$$

式中，p_i 代表子集 i 中记录的比例。然后，可以将信息增益定义为 gain(S) = $H(T)$ − $H_S(T)$，也就是说，根据该候选分割 S 对训练数据 T 进行划分所产生的信息增量。在每个决策节点，C5.0 选择具有最大信息增益(gain(S))的分割作为最佳分割。

图 6.2 显示 R 中 adult_ch6_training 数据集的 C5.0 决策树输出。根节点分割(节点 1) 取决于 Cap_Gains_Losses(CGL)是否超过 0.05。如果没有超过，那么分支会立即终止在一个叶节点(节点 2)，该节点上大多数记录的收入都很低。请注意，节点 2 包含 17 007 条记录，占整个数据集的 90.7%。决策树的其余部分(节点 3 - 11)总共只使用了 9.3%的数据集。

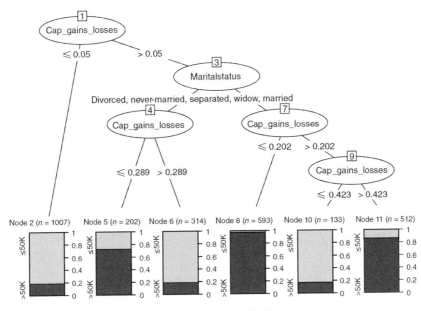

图 6.2 R 中 C5.0 决策树输出

如果 CGL 超过 0.05，则下一个决策节点(节点 3)处于 Maritalstatus(婚姻状态)。如果判断为已结婚，那么这棵树就会分支转到节点 7。如果是其他某种婚姻状态，该树会分叉到节点 4，然后再次测试 CGL，但这次判断是否超过 0.289。与直觉相反，CGL > 0.289 的分组在其节点 6 上的高收入人群比例低于在节点 5 上 CGL 较低的分组。节点 7 处是 CGL > 0.05 的已婚个体。然后根据 CGL 是否大于 0.202 对其进行分割。如果不大于 0.202，那么转至的叶节点(节点 8)几乎都拥有高收入。如果 CGL > 0.202，节点 9 上的最后一个分割测试 CGL 是否大于 0.423。如果大于 0.423，则绝大多数(512 条)记录是高收入；如果不大于 0.423，则 133 条记录是高收入。

CART 和 C5.0 构建的决策树之间存在一些有趣的差异。与将 90%以上的记录转移到单个节点的 C5.0 树相比，CART 树针对婚姻状况的根节点分割(见图 6.1)导致了相当平衡的分割，这可能是由于包含 $P_L P_R$ 系数的 Gini 指数有利于平衡分支的特性所致。

6.3.1 如何使用 Python 构建 C5.0 决策树

Python 包并不直接实现 C5.0。相反，我们将再次使用 sklearn 包，这次将分割标准从 Gini 更改为熵。

在运行本节中的代码之前，先运行之前 Python 部分中的代码，直到但不包括以"现在，我们为运行 CART 算法做好了准备！"开头的那一段。那里包含的代码将为我们设置变量和变量名，以便准备运行此决策树。

为了获得使用熵作为分割标准的决策树，我们再次使用 DecisionTreeClassifier()命令。

```
c50_01 = DecisionTreeClassifier(criterion="entropy",
max_leaf_nodes=5).fit(X,y)
```

输入 criteria = "entropy"使用信息增益识别最佳的候选分割。

要导出 C5.0 树的摘要信息，请运行 export_graphviz()命令。下面给出了代码，代码的解释在前面的 Python 部分中。

```
export_graphviz(c50_01, out_file = "C:/.../c50_01.dot",
feature_names=X_names,
    class_names=y_names)
```

为了获得训练数据集中每条记录的分类，在保存的输出名称 c50_01 上运行 predict()命令，并使用自变量 X 作为输入。

```
c50_01.predict(X)
```

结果是对训练数据集中的每个记录进行分类。

6.3.2　如何使用 R 构建 C5.0 决策树

如果你没有更改 Martial Status 变量名，或者没有将分类变量转换为因子变量，那么现在按照前面的 R 部分中的相关步骤完成这些操作。然后，安装并加载运行 C5.0 所需的软件包。

```
install.packages("C50"); library(C50)
```

使用 C5.0()命令运行该算法。

```
C5 < - C5.0(formula = Income ~ maritalStatus + Cap_Gains_
Losses, data = adult_tr,
    control = C5.0Control(minCases=75))
```

核心输入值是 formula 输入，等同于 CART 模型中的对应输入。和以前一样，目标变量位于波浪号的左侧，自变量位于右侧。data = adult_tr 输入指定我们从 adult_tr 数据集中提取我们的变量。control = C5.0Control(minCases = 75)) 输入要求决策树中的叶节点至少有 75 条记录。我们将得到的决策树保存为 C5。

可以使用 plot() 命令可视化此树。

```
plot(C5)
```

plot(C5) 的输出如图 6.2 所示。

若要获得数据集中每个记录的分类，请像前面的 R 部分一样创建 X 数据帧，然后运行 predict() 命令。

```
predict(object = C5, newdata = X)
```

设置 object = C5，以便使用本节创建的 C5.0 树。如前面 R 部分一样，保留 newdata = X 输入。得到的结果就是对训练数据集中每个记录的 Income 变量的分类。

6.4 随机森林

CART 和 C5.0 都基于训练数据集中的所有记录和指定变量生成单棵决策树。但是，有一种方法将使用多棵树，在确定每个记录的最终分类时，将考虑每棵树的输出。

随机森林(random forest)创建一系列决策树，并将每个记录的不同树分类组合成一个最终分类。随机森林是一个集成(组合)方法的例子。集成方法是这样一类建模技术，它考虑多个模型的输出以得到单一的答案。不同的集成方法以不同的方式考虑多个模型的输出。

随机森林算法首先从原始训练数据集中提取可替换的随机样本来构建每棵决策树。按照这种方法，每棵树都将基于一个不同的数据集进行构建。对于决策树的每个节点，选择自变量的一个子集进行考虑。鉴于这种方式，可能无法考虑给出"最佳"(例如，根据基尼标准)分割的变量。决策树就是按照这种方法构建完成的，对树的大小没有限制。

一旦构建了不同的树，它们就被用来对原始训练数据集中的记录进行分类。数据集中的每个记录都按每棵树进行分类。由于这些分类对于所有记录不太可能是一致的，因此每个分类都可视为对特定目标变量值的一次"投票"。投票数最大的值被视为记录的最终分类。

6.4.1　如何使用 Python 构建随机森林

和之前的做法一样，先运行之前 Python 部分中的 CART 代码，直到但不包括以"现在，我们为运行 CART 算法做好了准备！"开头的那一段。你需要运行这些代码来为本节中的代码设置自变量和目标变量。

接下来，加载所需的库。

```
from sklearn.ensemble import RandomForestClassifier
import numpy as np
```

Python 中的随机森林命令需要将响应变量格式化为一维数组，因此我们使用 numpy 的 ravel()命令创建此格式。

```
rfy=np.ravel(y)
```

我们使用 RandomForestClassifier()命令创建随机森林。

```
rf01 = RandomForestClassifier(n_estimators = 100,
criterion="gini").fit(X,rfy)
```

和以前一样，RandomForestClassifier()命令设置算法的参数。n_estimators 输入指定要构建的树的数目，而 criteria = "gini"指定要用于确定最佳分割的 Gini 指数。fit()命令使用自变量 X 和目标变量 y 构建实际的决策树。将结果保存为 rf01。

若要查看随机森林算法对训练数据集执行完成的分类，请使用 predict()命令。

```
rf01.predict(X)
```

结果是一系列分类，对应于数据集中的各条记录。

6.4.2　如何使用 R 构建随机森林

如果你没有更改 Martial Status 变量名，或者没有将分类变量转换为因子，那么现在按照前面的 R 部分中的相关步骤完成这些操作。加载数据。

安装并打开 randomForest 包。

```
install.packages("random Forest"); library(random Forest)
```

现在，我们运行随机森林算法，使用与以前相同的 formula 输入。

```
rf01 <- randomForest(formula = Income ~ maritalStatus +
Cap_Gains_Losses,
data = adult_tr, ntree = 100, type =
"classification")
```

构建随机森林的命令是 randomForest()，第一个输入 formula 与前面 R 部分中 CART 和 C5.0 的 formula 相同。data 输入指定 formula 中变量的来源。ntree 输入告诉算法要生成多少树。对于我们相对较小的数据集，我们使用 100 棵树。最后一个输入，type = "classification"，指定我们正在对数据进行分类。我们将输出保存为 rf01。

若要查看算法实现的分类，请查看保存在 rf01 下的预测值。

```
rf01$predicted
```

得到的结果是数据集中每条记录的分类。

6.5 习题

概念辨析题

1. 什么是决策树？
2. 决策节点和叶节点之间有什么区别？
3. 在决策树中，在所有可能执行的分割中哪个是最重要的？
4. 决策树什么时候停止生长？
5. 决策树是如何工作的？
6. 如果我们对三元分类预测器感兴趣，CART 是一个好算法吗？
7. CART 使用何种标准评估哪种分割是最佳的？
8. C5.0 算法使用什么理念选择最佳分割？
9. 什么是随机森林？
10. 随机森林是如何工作的？
11. 是否所有候选自变量都是随机森林构建的树中每个节点的"最佳"分割？
12. 用于在随机森林中构建每棵树的数据集是否相同？

13. 随机森林算法如何得到训练数据集的最终分类?

数据处理题

对于习题 14~20,将使用 adult_ch6_training 和 adult_ch6_test 数据集。可以使用 Python 或 R 求解每道题。

14. 使用训练数据集创建 CART 模型,它使用婚姻状况和资本损益预测收入。可视化该决策树(即提供决策树输出),描述决策树中的前几个分支。

15. 使用基于相同目标和自变量的测试数据集开发 CART 模型。可视化该决策树并比较决策树。测试数据结果是否与训练数据结果匹配?

16. 使用训练数据集构建一个 C5.0 模型,以便利用婚姻状况和资本损益预测收入。为每个终端节点指定至少 75 个实例。可视化该决策树并描述决策树中的前几个分支。

17. 你的 C5.0 模型与 CART 模型相比如何? 描述其相同点和不同点。

18. 使用基于相同目标变量、自变量和最小实例准则的测试数据集构造一个 C5.0 模型。可视化该决策树,查看测试数据结果是否与训练数据结果相匹配?

19. 对训练数据集应用随机森林模型,利用婚姻状况和资本损益预测收入。

20. 使用基于相同目标和自变量的测试数据集的随机森林。测试数据结果是否与训练数据结果相匹配?

实践分析题

对于习题 21~27,将使用 loans_training 和 loans_test 数据集。可以使用 Python 或 R 求解每道题。

21. 使用训练数据集构建一个 CART 模型,该模型使用 Debt to Income Ratio(债务收入比)、FICO Score(FICO 得分)和 Request Amount(请求金额)来预测 Approval(批准)。可视化决策树。描述决策树中的前几个分支。

22. 使用基于相同目标变量和自变量的测试数据集开发一个 CART 模型。可视化此决策树。调查决策树中的分支,查看使用测试数据生成的树是否与使用训练数据生成的树相匹配?

23. 使用训练数据集构建一个 C5.0 模型,该模型使用 Debt to Income Ratio(债务收入比)、FICO Score(FICO 得分)和 Request Amount(请求金额)预测 Approval(批准)。每个终端节点至少指定 1000 个实例。可视化该决策树。描述决策树中的前几个分支。

24. 针对 loans_training 数据而言,你的 C5.0 模型与 CART 模型相比如何呢? 描述相同点和不同点。

25. 使用基于相同目标变量、自变量和最小实例准则的测试数据集创建一个 C5.0 模型。可视化该决策树。使用测试数据生成的树是否与使用训练数据生成的树相匹配?

26. 在训练数据集上使用随机森林,使用与 CART 和 C5.0 模型中相同的自变量获得

Approval 的预测值。

27. 在测试数据集上使用随机森林获得测试数据集中 Approval 的预测值。建立一个表，比较针对训练数据集和测试数据集的预测。它们的比较结果如何？

对于练习 28~34，与 bank_marketing_training 和 bank_marketing_test 数据集合作。可以使用 Python 或 R 解决每个问题。

28. 使用训练数据集创建一个 CART 模型，使用你认为合适的自变量预测 Response。可视化该决策树。描述决策树中的前几个分支。

29. 使用测试数据集和相同的目标和自变量开发一个 CART 模型。可视化该决策树。调查决策树中的分支。使用测试数据生成的决策树是否与使用训练数据生成的决策树相匹配？

30. 利用基于相同的目标和自变量的训练数据集建立一个 C5.0 模型来预测 Response。为每个终端节点指定至少 1000 个实例。可视化决策树，并描述该决策树中的前几个分支。

31. 对于 bank_marketing_training 数据集，你的 C5.0 模型与 CART 模型相比如何呢？描述它们的相同点和不同点。

32. 使用测试数据集创建一个 C5.0 模型，它采用相同的目标变量、自变量和最小实例准则。可视化决策树。使用测试数据生成的树是否与使用训练数据生成的树相匹配？

33. 在训练数据集上使用随机森林，使用与 Cart 和 C5.0 模型中相同的自变量获得 Response 的预测值。

34. 在测试数据集上使用随机森林获取测试数据集中 Response 的预测值。建立一个表，比较针对训练数据集和测试数据集的预测。它们的比较结果如何？

对于练习 35~41，使用第 5 章练习中通过对 Churn 数据集进行分区而获得的训练数据集和测试数据集。可以使用 Python 或 R 求解每个问题。

35. 使用训练数据集创建一个 CART 模型，它使用你认为合适的自变量预测客户流失。可视化决策树并描述该决策树中的前几个分支。

36. 使用测试数据集以及相同的目标变量和自变量开发一个 CART 模型。可视化决策树。调研决策树中的分支。使用测试数据生成的树是否与使用训练数据生成的树相匹配？

37. 利用预测客户流失(Churn)的训练数据集以及相同的目标变量和自变量，建立了一个 C5.0 模型。为每个终端节点指定至少 1000 个实例。可视化决策树，并描述该决策树中的前几个分支。

38. 对于 churn_training 数据，你的 C5.0 模型与你的 CART 模型相比如何呢？描述它们的相同点和不同点。

39. 使用基于相同目标变量、自变量和最小实例准则的测试数据集创建一个 C5.0 模型。可视化该决策树。使用测试数据生成的树是否与使用训练数据生成的树相匹配？

40. 在训练数据集上使用随机森林，使用与 CART 和 C5.0 模型中相同的自变量获得客户流失(Churn)的预测值。

41. 在测试数据集上使用随机森林获取测试数据集中的 Churn 的预测值。建立一个表，比较基于训练数据集和测试数据集的预测。它们的结果比较如何呢？

第7章

模型评估

7.1 模型评估简介

到目前为止，在 *Data Science Using Python and R* 一书中，我们已经介绍了数据科学方法的前五个阶段：

(1) 数据理解阶段

(2) 数据准备阶段

(3) 探索性数据分析阶段

(4) 设置阶段

(5) 建模阶段(仅一部分)

但是，迄今我们还没有检查我们的模型是否良好。也就是说，我们没有评估它们在执行预测方面的有用性。需要注意评估和验证之间的区别。模型验证只是确保我们的模型结果在训练数据集和测试数据集之间是一致的。但是，模型验证并不能告诉我们模型有多精确，或者它们的错误率是多少。若要了解这些度量，我们需要使用模型评估。迄今为止，我们所了解的唯一模型是用于分类的决策树，因此我们将把模型评估的讨论局限于分类模型的评估度量上。

7.2 分类评价措施

我们将针对有二元目标变量的情况开发分类评估指标。为了应用我们将在本章中学习的度量指标，我们需要指定将两个目标结果中的一个标记为正，另一个标记为负。举个例子，假设我们试图预测收入(Income)这个二元变量，该变量可以取值 high income(高收入)和 low income(低收入)。可以把高收入标记为正，把低收入标记为负[1]。

目前，我们将在本章学习的分类模型评估度量是分类模型生成的列联表[2]中的各条目的函数，其一般形式如表 7.1 所示。请注意，按照惯例，实际值由行表示，而预测值由列表示。表 7.1 中的左上角单元格表示模型预测负响应且实际响应值确实为负的记录数量，因此该预测为 true negative(真实的负)。下面的单元格表示模型预测负响应但实际响应值为正的记录数，此预测为 false negative(虚假的负)。其他单元格的值按照类似方式加以定义。

表 7.1 二元分类列联表的一般形式

	预测的类别		
	0	1	总数
实际的类别	0 真实的负预测 (真阴性)： 预测的 0 实际的 0	虚假的正预测 (假阳性)： 预测的 1 实际的 0	实际为负的总数
	1 虚假的负预测 (假阴性)： 预测的 0 实际的 1	真实的正预测 (真阳性)： 预测的 1 实际的 1	实际为正的总数
	总数 预测为负的总数	总数 预测为正的总数	总计

令 TN、FN、FP 和 TP 分别表示我们的列联表中真实的负预测、虚假的负预测、虚假的正预测和真实的正预测。此外，令

TAN = 实际为负的总数 = TN + FP

TAP = 实际为正的总数 = FN + TP

TPN = 预测为负的总数 = TN + FN

TPP = 预测为正的总数 = FP + TP

此外，令 GT = TN+FN+FP+TP 代表四个单元格中数量的总数。然后，可以重新将表 7.1 表示为表 7.2。

然后，使用表 7.2 中的标记，我们指定了一套分类评价指标。

---

1 这些标签没有正或负的含义，它们仅是允许我们对任何二元分类问题都可应用这些度量。

2 也称为混淆矩阵或误差矩阵。

$$\text{准确度} = \frac{TN+TP}{TN+FN+FP+TP} = \frac{TN+TP}{GT}$$

$$\text{错误率} = 1 - \text{准确度} = \frac{FN+FP}{TN+FN+FP+TP} = \frac{FN+FP}{GT}$$

表 7.2　重新表示的列联表的一般形式

		预测的类别		
		0	1	总数
实际的类别	0　　TN	FP		**TAN**
	1　　FN	TP		**TAP**
	总数　　TPN	**TPP**		**GT**

　　准确度表示模型做出的正确分类的比例的整体度量，而错误率则度量了列联表的所有单元格中不正确分类的比例。然而，这些度量指标并不能区分各种类型的错误或不同类型的正确决策。为此，我们开始使用灵敏度和特异度指标，说明如下。

7.3　灵敏度和特异度

$$\text{灵敏度} = \frac{\text{真实的正预测数量}}{\text{实际正预测总数}} = \frac{TP}{TAP} = \frac{TP}{TP+FN}$$

$$\text{特异度} = \frac{\text{真实的负预测数量}}{\text{实际负预测总数}} = \frac{TN}{TAN} = \frac{TN}{FP+TN}$$

　　灵敏度可以衡量模型对记录进行正向分类的能力，而特异度衡量模型对记录进行负向分类的能力。也就是说，灵敏度测量模型捕获的所有正向记录的比例，而特异度衡量模型捕获的所有负向记录的比例。当然，一个完美的分类模型的灵敏度应为 1.0 = 100%。然而，一个简单地将所有客户分类为积极客户的模型也能达到值为 1.0 的灵敏度。显然，仅仅识别积极的响应是不够的。分类模型也需要具备较好的特异性，这意味着它应该识别出较高比例的消极响应客户。当然，一个完美的分类模型的特异度也是 1.0。但是，将所有客户归类为消极客户的模型也是如此。一个好的分类模型应该具有可接受的灵敏度和特异度水平，但是可接受的水平在各个应用领域有很大的差异。

7.4　精确度、召回率和 F_β 分数

　　在被我们的模型分类为正向的记录中，真实的正预测的比例是多少？解决这个问题

的度量称为精确度，定义如下：

$$\text{Precision(精确度)} = \frac{\text{TP}}{\text{TPP}}$$

在信息检索(如搜索引擎)领域，精确度指标回答了这样一个问题："所选定的项目符合要求的比例是多少？"。这一指标通常与召回率结合使用，召回率只不过是特异度的另一个名称。

$$\text{Recall(召回率)} = \text{Specificity(特异度)} = \frac{\text{TN}}{\text{TAN}}$$

将精确度和召回率组合成一个单独的指标可能会有用。为此，可以使用指标 F_β 分数 $(\beta > 0)$，定义如下：

$$F_\beta = (1 + \beta^2) \cdot \frac{\text{precision} \cdot \text{recall}}{(\beta^2 \cdot \text{precision}) + \text{recall}}$$

- 当 $\beta = 1$ 时，这被称为精确度和召回率的调和平均值，因此在指标 F_1 中两者平等对待。
- 当 $\beta > 1$ 时，F_β 对召回率的重视程度高于对精确度的重视程度。
- 当 $\beta < 1$ 时，F_β 对召回率的重视程度低于对精确度的重视程度。
- 因此，指标 F_2 对召回率的重视程度是对精确度的重视程度的两倍，而 $F_{0.5}$ 认为召回率的重要程度是精确度的一半。

7.5 模型评估方法

模型评估(Model Evaluation)的一般方法说明如下，这适用于任何分类或估计模型。

模型评估方法

(1) 使用训练数据集开发模型。

(2) 使用测试数据集评估模型。也就是说，将使用训练数据集开发的模型应用于测试数据集。换一种说法，将测试数据流经训练数据生成的模型。

7.6 模型评估的应用示例

我们将使用 clothing_data_driven_training 和 clothing_data_driven_test 数据集。我们的任务是基于三个连续的自变量预测客户是否会响应电话/邮件营销活动。

- Days since Purchase(上次购买后的天数)
- # of Purchase Visits(购买访问的数量)

● Sales per Visit(每次访问的销售额)

目标变量是一个标志，Response，编码为 1 表示积极响应，0 表示消极响应。

我们开发了一个 C5.0 模型，使用 clothing_data_driven_training 训练数据集对响应进行分类，称之为模型 1。我们使用 clothing_data_driven_test 测试数据集评估模型 1。执行过程如下：

模型 1 的评估方法

(1) 获取模型 1 在训练数据集上生成的响应(Response)预测值。

(2) 将模型 1 应用于测试数据集，并将步骤(1)中得到的预测响应值与测试数据集上的实际响应值进行比较。

当我们将模型 1 的预测响应值与 clothing_data_driven_test 测试数据集的实际响应值进行比较时，我们得到如表 7.3 所示的列联表。

请注意，TAN=9614、TAP=1940 且 GT=11 554 在任何模型中都是如此，因为这些是实际值，而不是预测值。其余变量的数值在不同的模型中根据预测性能而有所不同。最后得到我们的八项评估指标，如表 7.4 所示。

表 7.3 用于评估模型 1 的列联表

<table>
<tr><td colspan="3">预测的类别</td><td></td></tr>
<tr><td colspan="2">0</td><td>1</td><td>总数</td></tr>
<tr><td rowspan="3">实际的类别</td><td>0   TN=9173</td><td>FP=441</td><td>**TAN=9614**</td></tr>
<tr><td>1   FN=1396</td><td>TP=544</td><td>**TAP=1940**</td></tr>
<tr><td>总数   **TPN=10 569**</td><td>**TPP=985**</td><td>**GT=11 554**</td></tr>
</table>

表 7.4 R 语言 C5.0 模型的评估指标

评估指标	公式	值
准确度	$\dfrac{TN+TP}{GT}=\dfrac{9173+544}{11\,554}$	0.8410
错误率	1-Accuracy	0.1590
灵敏度	$\dfrac{TP}{TAP}=\dfrac{544}{1940}$	0.2804
特异度	$\dfrac{TN}{TAN}=\dfrac{9173}{9614}$	0.9541
精确度	$\dfrac{TP}{TPP}=\dfrac{544}{985}$	0.5523

（续表）

评估指标	公式	值
F_1	$2 \cdot \dfrac{\text{precision} \cdot \text{recall}}{\text{precision} + \text{recall}}$	0.3720
F_2	$5 \cdot \dfrac{\text{precision} \cdot \text{recall}}{(4 \cdot \text{precision}) + \text{recall}}$	0.3110
$F_{0.5}$	$1.25 \cdot \dfrac{\text{precision} \cdot \text{recall}}{(0.25 \cdot \text{precision}) + \text{recall}}$	0.4626

模型 1 的准确度为 0.8410 或 84.10%。这个模型有什么用吗？好吧，回想一下第 5 章，我们应该总是根据基准性能校准我们的结果。在这种例子中，总数 GT=11 554 条记录，其中有 TAN=9614 条负面记录，因此将所有预测值都指定为负面的作为比较基准的完全负面模型(All Negative Model)的精确度为：

$$\text{Accuracy}_{\text{AllNegativeModel}} = \frac{9614}{11\,554} = 0.8321$$

因此，模型 1 实际上只是勉强超出基准的完全负面模型的准确度。

模型 1 的特异度为令人印象深刻的 0.9541，这意味着模型在正确分类方面表现优良，可以将实际为负面记录的 95.41%(TN/TAN=9173/9614=95.41%)预测为负面。也就是说，该模型在正确识别不积极响应市场营销活动的客户方面做得很好。然而，模型的灵敏度为 0.2804(TP/TAP=544/1940=28.04%)，表现相当差，这意味着仅有 28.04%的实际为正面的记录被模型分类为正面记录。换言之，该模型并没有很好地识别出对营销活动做出积极响应的客户。

模型的精确度并不比投掷硬币的方法好多少：

$$\frac{\text{TP}}{\text{TPP}} = \frac{544}{985} = 55.23\%$$

这意味着，在按模型分类为"积极响应"的客户中，55.23%的客户实际上会积极响应市场营销。请注意，表 7.4 中三个 F_β 分数的范围必须介于精确度和召回率的数值之间。F_1 是精确度和召回率的调和平均值，其值为 0.372。召回率权重高于精确度的 F_2 值更接近召回率，而 $F_{0.5}$ 值更接近精确度。请注意，我们不会像对其他值那样提供这些值的缩略图解释。相反，这些指标用于模型选择，直接比较 F_β 值以选择最佳模型。

如何使用 R 进行模型评估

为了验证模型，需要：

(1) 利用训练数据开发模型 1

(2) 然后对模型 1 运行测试数据

将 clothing_data_driven_training 数据集读取为 clothing_train，并将 clothing_data_driven_test 数据集读取为 clothing_test。如有必要，使用 library(C50)加载所需的包。使用这里给出的代码[1]，通过 C5.0 运行训练数据集以获得模型 1。然后，将结果保存为 C5。

```
C5 <- C5.0(Response ~ Days.since.Purchase + Number.of.
Purchase.Visits + Sales.per.Visit, data = clothing_train)
```

接下来，将测试数据集中的自变量划分到它们自己的数据帧中。

```
test.X <- subset(x = clothing_test, select = c("Days.
since.Purchase",
    "Number.of.Purchase.Visits", "Sales.per.Visit"))
```

subset()命令接受 x = clothing_test 输入来指定要划分的数据对象。对于我们的例子，我们将从 clothing_test 数据集中划分子集。select 输入指定要从数据中划分到子集的变量名称。我们将所有三个自变量都划分到子集，因此我们在双引号中给出这些变量的名称，并将它们列在 c()命令中。我们将得到的数据集保存为 test.X。

现在，准备通过训练数据模型(模型 1)运行测试数据。

```
ypred <- predict(object = C5, newdata = test.X)
```

predict()命令要求你将用于进行预测的模型作为输入，标记为 object，此外还需要输入用于进行预测的数据(标记为 newdata)。在例子中，我们使用源自训练数据集的 C5 作为我们的模型，并使用测试数据集中的自变量。

当使用 C5.0 模型作为对象时，predict()命令的输出是一个预测的目标变量标签列表，每个标签对应于测试数据集中的每条记录。我们用名称 ypred 保存这一系列的预测。由于 C5.0 模型中的响应变量的值为 0 和 1，因此 clothing_test 数据集中的每条记录的 ypred 内容将为 0 或 1。

---

1 关于此代码的解释，参看第 6 章有关 C5.0 的 R 部分内容。

现在我们有了预测结果，可以将它们与测试数据集中的实际收入值进行比较。我们使用一个表完成此操作。

```
t1 <- table(clothing_test$Response, ypred)
row.names(t1) <- c("Actual: 0", "Actual: 1")
colnames(t1) <- c("Predicted: 0", "Predicted: 1")
t1 <- addmargins(A = t1, FUN = list(Total = sum), quiet =
TRUE); t1
```

使用 table()命令构建表本身，后面跟着作为行的来自测试数据集的目标变量 clothing_test$Response，和作为列的预测的目标变量值 ypred。为了清晰起见，我们在表中添加了行和列名称，以区分实际值和预测值。我们使用 row.names()将行命名为"Actual: 0"和"Actual: 1"，使用 colnames()将列命名为"Predicted: 0"和"Predicted: 1"，以便使结果表尽可能易读。如前所述，addmargins()命令添加了一个行和列的总数。得到的表与表 7.3 相当。

7.7　说明不对称的错误成本

目前模型 1 的一个内在假设是，两种类型的分类错误，即假阳性和假阴性的错误成本是相同的。但是，作为一家可能面临数百万美元风险的服装零售商，我们需要扪心自问，这一假设是否合理？让我们通过调查得到与各种预测情况相关联的一些成本。如表 7.5 所示。

表中这些成本的具体理由如下：

- **真实的负预测**。这表示无响应者被正确地归类为无响应客户。零售商将不会再去费力联系这类客户，即使联系客户的话，他们也不会做出回应。因此这种情况没有损失或收益，成本 $Cost_{TN}=0$。
- **虚假的正预测**。这表示未响应者被错误地归类为响应客户。对于零售商来说，这不是一个很严重的错误，因为通过电话和邮件联系每个客户的成本是 10 美元。因此成本价=10 美元，即 $Cost_{FP}=10$ 美元。
- **虚假的负预测**。这表示积极响应者被错误地分类为非响应客户。虽然令人遗憾，但没有带来直接的费用。成本 $Cost_{FN}=0$。
- **真实的正预测**。这表示积极响应者被正确地分类作为积极的回应客户。零售商会主动联系这个客户，平均而言客户会在这家企业消费 40 美元。由于利润相当于负成本，我们的成本 $Cost_{TP}=-40$ 美元。

表 7.5　零售商的成本矩阵

		预测的分类	
		0	1
实际的分类	0	$Cost_{TN}$ = $0	$Cost_{FP}$ = $10
	1	$Cost_{FN}$ = $0	$Cost_{TP}$ = - $40

可以在表 7.5 的最下面一行都增加 40 美元，然后将所有单元格的值除以 10 美元，这样调整后的成本矩阵就变成如表 7.6 所示。

表 7.6　调整后的零售商的成本矩阵

		预测的分类	
		0	1
实际的分类	0	$Cost_{TN}$ = 0	$Cost_{FP}$ = 1
	1	$Cost_{FN}$ = 4	$Cost_{TP}$ = 0

换句话说，零售商的假负成本比假正成本高四倍。因此，模型 1 假设两类错误的代价相同显然是无效的。相反，我们应该开发一种新的模型，称之为模型 2(Model 2)，它考虑了表 7.6 中不对称的错误成本。

使用 R 考虑不相等的误差成本

创建了如表 7.6 所示的成本矩阵后，可以将该矩阵添加到 C5.0 模型中。首先，创建该矩阵本身。

```
cost.C5 <- matrix(c(0,4,1,0), byrow = TRUE, ncol=2)
dimnames(cost.C5) <- list(c("0", "1"), c("0", "1"))
```

需要特别注意的是，C5.0 定义成本矩阵时使用行作为预测值，使用列作为实际值(这方面的详细信息包含在 C5.0 帮助页面中，可以通过运行?C5.0 找到帮助信息)。因此，它的成本矩阵是表 7.6 中给出的成本矩阵的转秩。当我们为 C5.0 模型创建成本矩阵时，它将在表 7.6 中 4 的位置填入 1，而在 1 的位置填入 4。将该成本矩阵保存为 cost.C5。指定成本矩阵的 dimnames()将确保 C5.0 算法能够正确识别不同的成本。

现在我们重新运行 C5.0 模型，但这次添加不相等错误成本的矩阵。

```
C5.costs <- C5.0(Response ~ Days.since.Purchase +
```

```
Number.of.Purchase.Visits + Sales.per.Visit, data =
clothing_train, costs = cost.C5)
```

上面的代码与之前的 C5.0 模型的 R 代码有两处不同。首先，我们用一个不同的名称保存该模型，这样就不会丢失以前模型的信息。其次，我们将输入 costs = cost.C5 添加到 C5.0()命令中，以便将新的成本矩阵添加到模型中。

7.8　比较考虑和不考虑不相等错误成本的模型

当我们使用 R 开发 Model 2(代码细节见前一节)并对其进行评估时，我们得到如表 7.7 所示的列联表。

表 7.7　考虑不对等错误成本的用于评估模型 2 的列联表

		预测的类别		
		0	1	总数
实际的类别	0　TN = 7163		FP = 2451	**TAN = 9614**
	1　FN = 618		TP = 1322	**TAP = 1940**
	总数　**TPN = 7781**		**TPP = 3773**	**GT = 11 554**

因为模型 2 的误差成本是不相等的，所以将由一种新的度量标准取代前面介绍的评估指标，称之为每记录模型成本(model cost per record)或每记录模型总利润(overall model profit per record)。

> **每记录模型成本和每记录模型总利润**
>
> 当错误成本不相等时，用于选择模型的最重要的评估指标之一就是每记录模型成本(model cost per record)。首先，计算总体模型成本(Overall Model Cost)，如下所示：
>
> Overall Model Cost = TN · $Cost_{TN}$ + FP · $Cost_{FP}$ + FN · $Cost_{FN}$ + TP · $Cost_{TP}$
>
> 由于不采取任何行动，真实的负预测和虚假的负预测的错误成本往往等于零，因此，这种情况下可以将总体模型成本简化为：
>
> Overall Model Cost = FP · $Cost_{FP}$ + TP · $Cost_{TP}$
>
> 然后得到：
>
> $$\text{Model Cost per Record} = \frac{\text{Overall Model Cost}}{\text{GT}}$$
>
> 最后得到：
>
> Model Profit per Record = $-$ Model Cost per Record

对于模型选择，选择最小化每记录模型成本的模型，或者相反，选择最大化模型利润的模型。报告每个记录的成本或利润很重要，因为总体成本随数据集规模的变化而变化。

利用表 7.5 中所述的成本，我们计算了模型 1 和模型 2 的总体模型成本，如下所示：

$$\begin{aligned}
&\text{Overall Model Cost}_{\text{Model1}}\\
&= FP \cdot \text{Cost}_{FP} + TP \cdot \text{Cost}_{TP}\\
&= 441 \times \$10 + 544 \times (-\$40)\\
&= -\$17\,350
\end{aligned}$$

$$\begin{aligned}
&\text{Overall Model Cost}_{\text{Model2}}\\
&= FP \cdot \text{Cost}_{FP} + TP \cdot \text{Cost}_{TP}\\
&= 2451 \times \$10 + 1322 \times (-\$40)\\
&= -\$28\,370
\end{aligned}$$

然后，每个模型的每客户模型利润计算如下：

$$\text{Profit per Customer}_{\text{Model1}} = \frac{-\text{Overall Model Cost}_{\text{Model1}}}{GT} = \frac{\$17\,350}{11\,554} = \$1.5016$$

$$\text{Profit per Customer}_{\text{Model2}} = \frac{-\text{Overall Model Cost}_{\text{Model2}}}{GT} = \frac{\$28\,370}{11\,554} = \$2.4554$$

换句话说，通过简单地考虑不相等的错误成本，我们就可以为服装零售商增加将近 64%的利润。

7.9　数据驱动的错误成本

在这个大数据时代，企业应该充分利用现有数据库中的信息帮助发现最佳的预测模型。换句话说，我们不应该因为"这些成本值似乎符合我们的顾问评分标准"，或者"这就是我们以往对它们进行建模的方式"这样的原因来分配错误成本，相反，我们应该倾听数据并通过挖掘数据本身来获悉错误成本应该取什么值。让我们通过继续之前的例子说明数据驱动的错误成本的强大能力。

回想一下，我们仅有的两个非零错误成本是 $\text{Cost}_{FP} = \$10$ 和 $\text{Cost}_{TP} = -\$40$。然而，幸运的是，可以通过分析数据更好地了解成本 Cost_{TP}，即预测的每次访问的销售额(Sales per Visit)。这个预测值提供了每个客户每次访问的平均销售金额。因此，如果我们计算所有客户每次访问的平均销售额，可以用它更好地估计客户到企业的平均花费是多少。我们以前的估计是 40 美元。但训练数据集中所有记录的每次访问平均销售额为 113.58 美元。因此，我们的数据导出的或数据驱动的真实正面成本将更新为 $\text{Cost}_{TP} = -\$113.58$。但是，我们没有类似的数据更好地估计 $Cost_{FP}$ =$10，因此它仍然保留为 10 美元。

这样就给出了修改后的成本矩阵，如表 7.8 所示。

表 7.8　针对服装店问题的数据驱动的成本矩阵

		预测的分类	
		0	1
实际的分类	0	$Cost_{TN}$ = $0	$Cost_{FP}$ = $10
	1	$Cost_{FN}$ = $0	$Cost_{TP}$ = − $113.58

抵消掉表 7.8 中最下面一行的成本 $Cost_{TP}$ = − $113.58，然后将表中的每个单元格除以 $10，从而得到表 7.9 中的简化版数据驱动的成本矩阵。

表 7.9　针对服装店问题的简化版数据驱动的成本矩阵

		预测的分类	
		0	1
实际的分类	**0**	0	$Cost_{FP}$ = 1
	1	$Cost_{FN}$ = 11.358	0

因此，我们的虚假负面成本是虚假正面成本的 11.358 倍。

基于此成本矩阵使用训练集开发了另一个 C5.0 模型，称为模型 3(Model 3)，然后使用测试数据集对其进行评估。由此产生的列联表如表 7.10 所示。

表 7.10　基于数据驱动错误成本的用于模型 3 的列联表

		预测的类别		
		0	1	总数
实际的类别	**0**	TN = 4237	FP = 5377	**TAN = 9614**
	1	FN = 201	TP = 1739	**TAP = 1940**
	总数	**TPN=4438**	**TPP = 7116**	**GT = 11 544**

我们计算模型 3 的总体模型成本如下：

$$Overall\ Model\ Cost_{Model3}$$
$$= FP \cdot Cost_{FP} + TP \cdot Cost_{TP}$$
$$= 5377 \times \$10 + 1739 \times (-\$113.58)$$
$$= -\$143\ 745.62$$

然后，模型 3 的每客户模型利润计算如下：

$$\text{Profit per Customer}_{\text{Model3}} = \frac{-\text{Overall Model Cost}_{\text{Model3}}}{\text{GT}} = \frac{\$143\ 745.62}{11\ 554} = \$12.4412$$

与之前的模型相比，发现这是一个显著的利润增长。然而，这一增长很大程度上归功于数据驱动的成本 Cost_{TP} 上涨至 113.58 美元。为了公平起见，我们应该根据新的模型成本比较这三种模型。基于这种考虑，表 7.11 给出了我们所有的评估指标。

表 7.11 包含了模型 1~3 的评估指标，最佳性能模型的结果用黑体字显示。请注意，模型 1 是盈利最少的模型(没有错误成本)，也是最准确的模型，为 84.10%，而模型 3 是我们盈利最多的模型(使用数据驱动的错误成本)，是最不准确的模型，准确度仅为51.72%。因此，对于误差成本不等的模型，准确度并不是比较模型性能的合适指标。

表 7.11 所有模型的模型评估指标

评估指标	C5.0 Model		
	Model 1: No Error costs	Model 2: Error costs 4x	Model 3: Error costs 11.358x
准确度	**0.8410**	0.7344	0.5172
错误率	**0.1590**	0.2656	0.4828
灵敏度	0.2804	0.6814	**0.8964**
特异度	**0.9541**	0.7451	0.4407
精确度	**0.5523**	0.3504	0.2444
F_1	0.3720	**0.4628**	0.3841
F_2	0.3110	0.5731	**0.5845**
$F_{0.5}$	**0.4626**	0.3881	0.2860
总体模型成本	$-\$57\ 377.52$	$-\$125\ 642.76$	$-\$143\ 745.62$
每客户模型利润	$4.97	$10.87	**$12.44**

因为每个真实的积极响应(真阳性)会给我们带来 113.58 美元的利润，所以倾向于做出更积极预测的模型做得更好。因此实际上，灵敏度(召回率)，即模型捕获到的所有积极响应者的比例，比特异度(捕获无响应者)更为重要。基于此，我们表现最好的模型具有最高的灵敏度，而最差的模型具有最低的灵敏度。相反的关系适用于特异度指标。

精确度看似不是很重要，模型 1 的标黑的精确度一定程度上是由于它很少的正面预测。模型 3 对召回率(灵敏度)的重视程度高于精确度，其 F_2 最高。而表现欠佳的模型 1 更重视精确度而非召回率，其 $F_{0.5}$ 最高。

最后，我们还应该确保我们的模型优于基准模型：完全正面模型(All Positive Model)和完全负面模型(All Negative Model)。由于在完全负面模型中没有联系到任何客户，因此没有任何利润。相反，完全正面模型表现较好，其总体模型利润为 124 205.20 美元，每个客户的利润为 10.75 美元，差一点超过了上面的模型 2。

归纳而言，数据科学家都应该评估他们的模型。在本章中，我们学习了一系列用于评估分类模型的指标。我们发现错误成本并不总是相等的，当错误成本不相等时，每个记录的模型成本可能是最好的度量指标。最后，我们说明了数据驱动的错误成本能够如何进一步提高分类模型的盈利能力。

7.10　习题

概念辨析题

1. 解释模型评估和模型验证之间的区别。

2. 列联表由什么构成？

3. 说明 GT = TPN + TPP 以及 TAP = GT − TAN。

4. 说明错误率=1 − 准确度。

5. 说明灵敏度和特异度指标的度量内容？

6. 解释用于模型评估的方法。

7. 为什么我们选择完全负面模型作为校准模型 1 准确度的基准，而不选用完全正面模型呢？

8. 当错误的代价不对称时，选择模型时最重要的评估指标是什么？

9. 解释一个缺乏经验的分析师为何错误地倾向选择模型 1 而不是模型 2。

10. 对于完全正面模型和完全负面模型，计算表 7.11 中的评估指标。

数据处理题

对于练习 11~22，将使用 clothing_data_driven_training 和 clothing_data_driven_test 数据集，使用 R 求解每个问题。

11. 使用训练数据集，创建一个 C5.0 模型(模型 1)，使用 Days since Purchase, # of Purchase Visits 和 Sales per Visit 预测客户的响应(Response)，获得预测的响应。

12. 使用测试数据集评估模型 1。构建一个列联表比较响应的实际值和预测值。

13. 对于模型 1，回顾本章中的表 7.4，计算该表中给出的所有模型评估指标。将此表称为 Model Evaluation Table(模型评估表)。为模型 2 和模型 3 执行同样的计算。

14. 基于模型评估表，清晰完整地解释模型 1 的评估指标。

15. 创建一个成本矩阵，称之为 4x 成本矩阵，它指定一个假阳性的成本是假阴性的四倍。

16. 使用训练数据集构建一个 C5.0 模型(模型 2)，该模型基于 4x 成本矩阵，使用 Days since Purchase, # of Purchase Visits 和 Sales per Visit 预测客户的响应(Response)。

17. 使用测试数据集中的实际响应值评估模型 2 中的预测。将总体模型成本(Overall Model Cost)和每客户利润(Profit per Customer)添加到模型评估表中。计算模型评估表中的所有评估指标。

18. 使用 4x 成本矩阵比较模型 1 和模型 2 的评估指标。讨论每个模型的优点和缺点。

19. 构建简化的数据驱动成本矩阵(data-driven cost matrix)，如下所示：

　　a. 从训练数据集中获取每次访问的销售(Sales per Visit)变量的平均值，并将该值的负值设置为真实正面(真阳性)的"成本"。令假阳性的成本等于 10 美元。

　　b. 构建适当的成本矩阵并对其进行简化，以获得简化的数据驱动的成本矩阵。

20. 使用训练集构建一个 C5.0 模型(模型 3)，基于数据驱动的成本矩阵，使用 Days since Purchase, # of Purchase Visits 和 Sales per Visit 预测客户的响应(Response)。

21. 基于数据驱动的成本矩阵，使用模型 3 的评估指标填充模型评估表。

22. 使用模型评估表比较模型 1、模型 2 和模型 3。

实践分析题

对于以下练习，请使用 adult_ch6_training 和 adult_ch6_test 数据集。使用 R 求解每个问题。

23. 使用训练数据集创建一个 C5.0 模型(模型 1)，利用 Marital Status(婚姻状况)和 Capital Gains and Losses(资本损益)预测客户的 Income(收入)。获得预测的响应。

24. 使用测试数据集评估模型 1。构建一个列联表比较 Income(收入)的实际值和预测值。

25. 对于模型 1，回顾文中的表 7.4，计算表中所示的所有模型评估指标。将此表称为模型评估表。对模型 2 执行相同的操作。

26. 基于模型评估表，清晰完整地解释模型 1 的评估指标。

27. 创建一个成本矩阵，称为 3x 成本矩阵，它指定了一个假阳性的成本是假阴性的成本的四倍。

28. 使用训练数据集构建一个 C5.0 模型(模型 2)，基于 3x 成本矩阵，使用 Marital Status(婚姻状况)和 Capital Gains and Losses(资本损益)预测客户的 Income(收入)。

29. 使用测试数据集中的实际响应值评估模型 2 中的预测。将总体模型成本(Overall Model Cost)和每客户利润(Profit per Customer)添加到模型评估表中。计算模型评估表中的所有评估指标。

30. 使用 3x 成本矩阵比较模型 1 和模型 2 的评估措施。讨论每个模型的优点和缺点。

对于以下练习，请使用 Loans_Training 和 Loans_Test 数据集。使用 R 解决每个问题。

31. 使用训练数据集创建一个 C5.0 模型(模型 1)，使用 Debt-to-Income Ratio(债务收入比)、FICO Score(FICO 得分)和 Request Amount(申请金额)预测贷款申请人的批准情况(Approval)。获得预测的响应。

32. 使用测试数据集评估模型 1。建立列联表比较 Approval 的实际值和预测值。

33. 对于模型 1，回顾文中的表 7.4，计算表中所示的所有模型评估指标。将此表称为模型评估表。针对模型 2 重复上述计算。

34. 基于模型评估表，清晰完整地解释模型 1 的评估指标。

35. 执行以下操作以构建简化的数据驱动成本矩阵。

　　a. 根据训练数据集计算每个贷款申请人的平均利息(Interest)。将该值的负值设置为真阳性的"成本"。

　　b. 根据训练数据集计算每个贷款申请人的平均申请金额(Request Amount)。将此值设置为假阳性的成本。

　　c. 获得简化的数据驱动成本矩阵。

36. 使用训练集构建一个 C5.0 模型(模型 2)，基于简化的数据驱动成本矩阵，利用 Debt-to-Income Ratio(债务收入比)、FICO Score(FICO 得分)和 Request Amount(申请金额)预测贷款申请人的批准情况(Approval)。

37. 基于数据驱动的成本矩阵，使用模型 2 的评估指标填充模型评估表。

38. 基于模型评估表，清晰完整地解释模型 1 的评估指标。

39. 使用模型评估表比较模型 1 和模型 2。讨论每个模型的优缺点。

40. 通过使用数据驱动的错误成本，评估我们的模型能帮助银行赚多少钱？

第 **8** 章
朴素贝叶斯分类

8.1　朴素贝叶斯简介

　　显然，分类建模并不局限于决策树。此外，还有许多其他分类方法，包括朴素贝叶斯(Naïve Bayes)分类法。朴素贝叶斯分类方法的基础是令人尊敬的 Thomas Bayes(托马斯·贝叶斯)提出的贝叶斯定理(Bayes Theorem)。贝叶斯定理通过将我们以前的知识(称为先验分布)与从观测数据中获得的新信息相结合，刷新我们对数据参数的认识，从而得到更新后的参数知识(称为后验分布)。

8.2　贝叶斯定理

　　考虑一个由两个自变量 $X=X_1, X_2$ 和一个响应变量(因变量)Y 组成的数据集，其中响应变量取三个可能的类值中的一个：y_1、y_2 和 y_3。我们的目标是针对自变量值的特定组合确定 y_1、y_2 和 y_3 中哪一个是最可能响应变量值。我们称此组合为最有可能的组合 $X^* = \{X_1=x_1, X_2=x_2\}$。

　　可以使用贝叶斯定理确定自变量值的特定组合最有可能属于哪个类，具体方法如下：

(1) 对于自变量 x_1 和 x_2 的组合计算 y_1、y_2 和 y_3 各自的后验概率，然后

(2) 选择后验概率值最高的 y。

　　令 y^* 是 Y 的三个可能的取值之一。由贝叶斯定理可知：

$$p\left(Y = y^*|X^*\right) = \frac{p\left(X^*|Y = y^*\right)p\left(Y = y^*\right)}{p\left(X^*\right)} \tag{8.1}$$

　　现在，$p(Y = y^*)$ 表示在我们开始计算之前关于类值 y^* 的可能性的知识。因为我们在分析之前就知道这些信息，所以我们把 $p(Y = y^*)$ 称为先验概率(prior probability)。这个先验信息与 $p(X^*|Y = y^*)$ 组合在一起，后者表示当响应等于 y^* 时数据的行为表现。分母 $p(X^*)$

是指在不考虑响应类值的情况下的数据行为，也就是数据的边缘概率或边际概率(marginal probability)。

公式 $p(Y = y*|X*)$ 的结果表示如果我们观察到特定的自变量取值为 $X*$ 的情况下，我们了解到的分类值为 $y*$ 的可能性有多大的信息或想法(概率)。由于该信息是在观察数据后对 $p(Y=y*)$ 的更新信息，因此我们称 $p(Y=y*|X*)$ 为后验概率(posterior probability)。

如果你没有关于参数的先验信息，该怎么办？在这种情况下，你可以使用无信息先验分布(noninformative prior)，它认为每个类值的可能性都相同。通过使用无信息先验分布，你的后验概率仅依赖于数据。

8.3　最大化后验假设

我们如何使用基于贝叶斯定理的概率对记录进行分类？在上面的示例中，我们有三个不同的 $y*$ 可能值。对于固定的 $X*$ 值，我们计算了 Y 的三个可能值中的每一个的贝叶斯定理概率：

$$p\left(Y = y_1 | X^*\right) = \frac{p\left(X^* | Y = y_1\right) p\left(Y = y_1\right)}{p\left(X^*\right)}$$

$$p\left(Y = y_2 | X^*\right) = \frac{p\left(X^* | Y = y_2\right) p\left(Y = y_2\right)}{p\left(X^*\right)}$$

$$p\left(Y = y_3 | X^*\right) = \frac{p\left(X^* | Y = y_3\right) p\left(Y = y_3\right)}{p\left(X^*\right)}$$

最大化后验假设告诉我们将记录 $X*$ 分类为具有最大后验概率的 Y 值。换句话说，选择与我们计算的三个后验概率中最大值相对应的 Y 的类值。

8.4　分类条件独立性

如果我们有多个自变量，那么分类条件独立性假设允许我们将 $p(X*|Y=y*)$ 写成多个独立事件的乘积。举个例子，假设我们有两个自变量 $X*=\{X_1=x_1, X_2=x_2\}$，则可以将 $p(X*|Y=y*)$ 写作 $p(X_1=x_1|Y=y*) \times p(X_2=x_2|Y=y*)$。我们将在第 8.5 节中对此加以说明。

8.5　朴素贝叶斯分类的应用

我们将使用 wine_flag_training 和 wine_flag_test 数据集说明如何使用朴素贝叶斯对响应变量进行分类。假设我们想根据葡萄酒的酒精和糖的含量是高还是低预测葡萄酒是红葡萄酒还是白葡萄酒。如果酒精和糖含量低于该变量的中位数，则视为低含量；如果酒精和糖含量高于中位数，则视为高含量。

首先，我们构建两个列联表，一个表针对 Type 和 Alcohol_flag ，另一个表针对 Type 和 Sugar_flag。回想一下，目标变量的类值构成行，自变量的类值构成列。由 Type 和 Alcohol_flag 构成的列联表如图 8.1 所示，而由 Type 和 Sugar_flag 构成的列联表如图 8.2 所示。

可以使用图 8.1 和图 8.2 计算执行朴素贝叶斯分类所需要的值。让我们先检查响应变量 Type，Type 有两个分类级别：Red 和 White。使用任意一个列联表，可以计算每 Type 分类级别的先验概率：

- $p(Type = Red) = 500/1000 = 0.5$
- $p(Type = White) = 500/1000 = 0.5$

两种 Type 概率构成了 $p(Y)$ 的两个可能值，$p(Y)$ 是 Type 的先验分布。例如，我们现在知道，从这个数据集中随机选择的任何葡萄酒都有 50% 的机会认定为红葡萄酒。

我们使用图 8.1 计算自变量 Alcohol_flag 的边缘概率。Alcohol_flag 有两个级别：High(高) 和 Low(低)。这两个值将构成第一个自变量 $p(X_1)$ 的分布：

- $p(Alcohol\_flag = High) = 486/1000 = 0.486$
- $p(Alcohol\_flag = Low) = 514/1000 = 0.514$

举个例子，我们现在知道从这个数据集中随机选择的一种葡萄酒是高酒精含量的概率为 48.6%。请注意，这个边缘分布并没考虑响应值 Y。

	酒精=高	酒精=低	总数
Type = 红	218	282	500
Type = 白	268	232	500
总数	486	514	1000

图 8.1　R 中由 Type 和 Alcohol _flag 构成的列联表

我们使用图 8.2 计算自变量 Sugar_flag 的边缘概率。Sugar_flag 也有两个级别：High(高) 和 Low(低)。这两个值构成第二个自变量的分布 $p(x_2)$：

- $p(Sugar\_flag = High) = 416/1000 = 0.416$
- $p(Sugar\_flag = Low) = 584/1000 = 0.584$

	糖=高	糖=低	总数
Type =红	116	384	500
Type =白	300	200	500
总数	416	584	1000

图 8.2　R 中由 Type 和 Sugar_flag 构成的列联表

例如，我们现在知道，从这个数据集中随机选择的一种葡萄酒有 41.6%的概率具有高糖含量。

那么在给定目标变量的情况下，每个自变量的条件概率 $p(x^*|y)$ 如何计算呢？对于每个自变量，我们有四种不同的概率，分别对应四对自变量和目标变量的组合。

根据图 8.1 和图 8.2，可以计算 Alcohol_flag 和 Type 的四个条件概率，如下所示：

- p(Alcohol_flag=High | Type=Red)=218/500=0.436
- p(Alcohol_flag=Low | Type=Red)=282/500=0.564
- p(Alcohol_flag=High | Type=White)=268/500=0.536
- p(Alcohol_flag=Low | Type=White)=232/500= 0.464

例如，我们现在知道如果一种葡萄酒是红色的，它有 56.4%的概率含有较低的酒精含量，而有 43.6%的概率含有较高的酒精含量。为了可视化这种差异，可以使用标准化条形图，如图 8.3 左侧所示。

Sugar_flag 和 Type 变量的四个条件概率计算如下：

- p(Sugar_flag=High | Type=Red)=116/500=0.232
- p(Sugar_flag=Low | Type=Red)=384/500=0.768
- p(Sugar_flag=High | Type=White)=300/500=0.6
- p(Sugar_flag=Low | Type=White)=200/500= 0.4

例如，我们现在知道如果一种葡萄酒是红色的，它有 76.8%的概率含有较低的糖分，相比之下，它有 23.2%的概率含有较高的糖分。为了可视化这种差异，可以使用标准化条形图，如图 8.3 右侧所示。

既然我们已经有了 $p(Y)$、$p(X^*)$ 和 $p(X^* | Y)$ 的所有值，我们就可以计算 Type 的每种级别的后验概率 $p(Y=y^*| X^*)$。换句话说，我们要最终解决手头的问题：给定酒精和糖的含量，朴素贝叶斯如何对葡萄酒进行分类？为了找到答案，我们使用了最大后验假设 (maximum a posteriori hypothesis)。具体而言，基于一个特定的 Alcohol_flag 和 Sugar_flag 值的组合，我们查看每种可能 Type 值的后验概率，并选择后验概率最高的 Type。

首先，让我们考虑一款酒精含量低且糖含量低的葡萄酒。使用我们的概率表示法，我们想知道以下每一项的概率：

- $p(Y=y_1|X^*)=p$(Red | Alcohol_flag=Low, Sugar_flag=Low)
- $p(Y=y_2|X^*)=p$(White | Alcohol_flag=Low, Sugar_flag=Low)

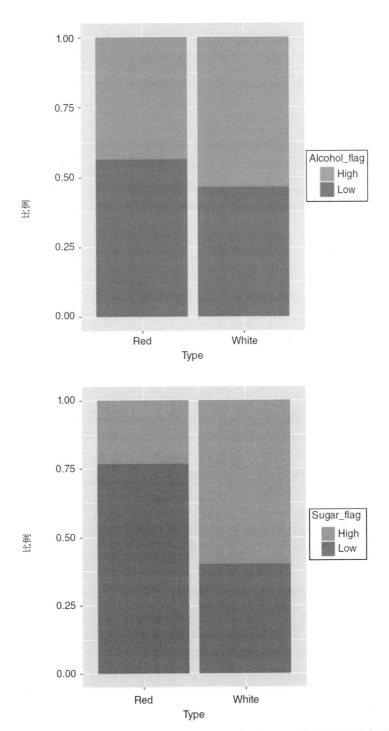

图 8.3　叠加了 Alcohol_flag (在顶部)和 Sugar_flag(在底部)的 Type 变量的标准化条形图

为了计算 $p(\text{Red} \mid \text{Alcohol\_flag} = \text{Low}, \text{Sugar\_flag} = \text{Low})$，我们利用贝叶斯定理：

$$p\left(Y = y_1 \mid X^*\right) = \frac{p\left(X^* \mid Y = y_1\right) p\left(Y = y_1\right)}{p\left(X^*\right)}$$

$$= \frac{p(\text{Alcohol\_flag=Low}, \text{Sugar\_flag=Low} \mid \text{Red}) \times p(\text{Red})}{p(\text{Alcohol\_flag=Low}, \text{Sugar\_flag=Low})}$$

$$= \frac{p(\text{Alcohol\_flag=Low} \mid \text{Type=Red}) \times p(\text{Sugar\_flag=Low} \mid \text{Type=Red}) \times p(\text{Red})}{p(\text{Alcohol\_flag=Low}) \times p(\text{Sugar\_flag=Low})}$$

请注意，我们使用条件独立性假设实现最后一步。

我们已经计算了求解上述这个等式所需的每一个概率，因此我们将每个值代入到上式并计算出具体数值：

$$\frac{0.564 \times 0.768 \times 0.5}{0.514 \times 0.584} = 0.7215$$

在酒精和糖含量均较低的情况下，葡萄酒是红葡萄酒的概率约为 72.15%。

接下来，我们需要得到 $p(\text{White} \mid \text{Alcohol\_flag} = \text{Low}, \text{Sugar\_flag} = \text{Low})$，计算如下：

$$p\left(Y = y_2 \mid X^*\right) = \frac{p\left(X^* \mid Y = y_2\right) p\left(Y = y_2\right)}{p\left(X^*\right)}$$

$$= \frac{p(\text{Alcohol\_flag=Low}, \text{Sugar\_flag=Low} \mid \text{White}) \times p(\text{White})}{p(\text{Alcohol\_flag=Low}, \text{Sugar\_flag=Low})}$$

$$= \frac{p(\text{Alcohol\_flag=Low} \mid \text{Type=White}) \times p(\text{Sugar\_flag=Low} \mid \text{Type=White}) \times p(\text{White})}{p(\text{Alcohol\_flag=Low}) \times p(\text{Sugar\_flag=Low})}$$

我们已经计算了求解这个等式所需的每一个概率，因此我们将每个值代入上式并计算出数字：

$$\frac{0.464 \times 0.4 \times 0.5}{0.514 \times 0.584} = 0.3092$$

如果葡萄酒的酒精和糖含量都较低，该葡萄酒是白葡萄酒的可能性约为 30.92%。由于低酒精、低糖的葡萄酒是红葡萄酒的后验概率高于同一种葡萄酒是白葡萄酒的后验概率，因此朴素贝叶斯算法将该葡萄酒分类为红葡萄酒。

让我们比较一下某葡萄酒是红葡萄酒的先验概率和该葡萄酒在知道其含糖量和酒精量都较低情况下是红葡萄酒的后验概率。随机选择一种葡萄酒是红葡萄酒的概率 $p(\text{Type=Red}) = 50\%$。然而，在考虑到该葡萄酒的酒精和糖含量都较低的情况下，其成为红葡萄酒的可能性上升到 72.15%！为什么呢？因为数据告诉我们，红葡萄酒的酒精含量比白葡萄酒低(56.4%相比 46.4%)，糖含量也比白葡萄酒低(76.8%相比 40%)。朴素贝叶斯定理将这一信息考虑在内，并基于此认定低糖和低酒精的葡萄酒是白葡萄酒的可能性大于是红葡萄酒的可能性。

含有高酒精和高糖的葡萄酒的类别如何判断呢？我们使用上述相同的公式，更改 X^* 值以反映我们设定的新值。我们要比较如下两个后验概率：

- $p(Y=y_1 | X^*)=p(\text{Red} | \text{Alcohol\_flag=High, Sugar\_flag=High})$
- $p(Y=y_2 | X^*)=p(\text{White} | \text{Alcohol\_flag=High, Sugar\_flag=High})$

首先，计算概率 $p(\text{Red} | \text{Alcohol\_flag = High, Sugar\_flag = High})$

$$p\left(Y = y_1 | X^*\right) = \frac{p\left(X^* | Y = y_1\right) p\left(Y = y_1\right)}{p\left(X^*\right)}$$

$$= \frac{p(\text{Alcohol\_flag=High, Sugar\_flag=High} | \text{Red}) \times p(\text{Red})}{p(\text{Alcohol\_flag=High, Sugar\_flag=High})}$$

$$= \frac{p(\text{Alcohol\_flag=High} | \text{Type=Red}) \times p(\text{Sugar\_flag=High} | \text{Type=Red}) \times p(\text{Red})}{p(\text{Alcohol\_flag=High}) \times p(\text{Sugar\_flag=High})}$$

将具体的概率值代入上式，我们将得到如下后验概率：

$$\frac{0.436 \times 0.232 \times 0.5}{0.486 \times 0.416} = 0.2502$$

如果某种葡萄酒的酒精和糖含量都很高，那么该葡萄酒是红葡萄酒的概率大约是 25.02%。

接下来，计算概率 $p(\text{White} | \text{Alcohol\_flag = High, Sugar\_flag = High})$：

$$p\left(Y = y_2 | X^*\right) = \frac{p\left(X^* | Y = y_2\right) p\left(Y = y_2\right)}{p\left(X^*\right)}$$

$$= \frac{p(\text{Alcohol\_flag=High, Sugar\_flag=High} | \text{White}) \times p(\text{White})}{p(\text{Alcohol\_flag=High, Sugar\_flag=High})}$$

$$= \frac{p(\text{Alcohol\_flag=High} | \text{Type=White}) \times p(\text{Sugar\_flag=High} | \text{Type=White}) \times p(\text{White})}{p(\text{Alcohol\_flag=High}) \times p(\text{Sugar\_flag=High})}$$

将具体的概率值代入上式，我们将得到如下后验概率：

$$\frac{0.536 \times 0.6 \times 0.5}{0.486 \times 0.416} = 0.7953$$

考虑到葡萄酒的酒精和糖分含量都较高，该葡萄酒是白葡萄酒的可能性约为 79.53%。由于高酒精、高糖分的葡萄酒是白葡萄酒的后验概率高于相同的葡萄酒是红葡萄酒的后验概率，朴素贝叶斯算法会将该葡萄酒分类为白葡萄酒。

此外，还有两个自变量的组合我们没有考虑：低酒精和高糖分，高酒精和低糖分。朴素贝叶斯算法将低酒精、高糖分的葡萄酒分类为白葡萄酒，而将高酒精、低糖分的葡萄酒分类为红葡萄酒。这些葡萄酒的后验概率的计算细节将留作练习。综上所述，我们的朴素贝叶斯分类模型可概括为表 8.1。

可以使用一个测试数据集评估我们在上面的示例中揭示的朴素贝叶斯模型。对于这个例子，我们将使用 wine_flag_test 数据集评估基于 wine_flag_training 数据集构建的模型。Type 的实际值和预测值构成的列联表如图 8.4 所示。

从图 8.4 可以看出，模型的准确度是(464+1082)/2345=0.6593。使用我们的朴素贝叶斯模型，我们始终能以 65.93%的概率正确地预测葡萄酒的种类。我们的模型正确地分类了红葡萄酒的概率是 464/585=0.7932 或 79.32%，正确地分类了白葡萄酒的概率是1082/1760=0.6148 或 61.48%。因为我们一半的葡萄酒是红葡萄酒，另一半是白葡萄酒，所以我们的基准准确度是 50%，因此我们的朴素贝叶斯模型的性能优于基准模型。

表 8.1　基于酒精和糖含量预测葡萄酒类型的朴素贝叶斯模型概况

如果葡萄酒满足……		
酒精含量	糖含量	那么我们将该葡萄酒分类为
高	高	白葡萄酒
高	低	红葡萄酒
低	高	白葡萄酒
低	低	红葡萄酒

	预测的：红葡萄酒	预测的：白葡萄酒	总数
实际的：红葡萄酒	464	121	585
实际的：白葡萄酒	678	1082	1760
总数	1142	1203	2345

图 8.4　用于评价基于测试数据集的朴素贝叶斯模型的 R 中，由实际的葡萄酒类型和预测的葡萄酒类型构成的列联表

8.5.1　Python 中的朴素贝叶斯

首先，导入所有需要的库。

```
import pandas as pd
import numpy as np
from sklearn.naive_bayes import Multinomial NB
import statsmodels.tools.tools as stattools
```

加载训练数据集和测试数据集，并将它们分别命名为 wines_tr 和 wines_test。

```
wine_tr = pd.read_csv("C:/.../wine_flag_training.csv")
wine_test = pd.read_csv("C:/.../wine_flag_test.csv")
```

首先，我们使用列联表查看数据。如果我们愿意这样做的话，这些表将允许我们获得需要的边缘概率和条件概率，以便手动执行朴素贝叶斯计算。

```
t1 = pd.crosstab(wine_tr['Type'], wine_tr['Alcohol_flag'])
t1['Total'] = t1.sum(axis=1)
t1.loc['Total'] = t1.sum()
t1
```

列联表如图 8.5 所示。由此可以得到 Type Alcohol_flag 和 Sugar_flag 的边缘概率，以及给定 Type 下的 Alcohol_flag 和 Sugar_flag 的条件概率。

Alcohol_flag Type	High	Low	Total	Sugar_flag Type	High	Low	Total
Red	218	282	500	Red	116	384	500
White	268	232	500	White	300	200	500
Total	486	514	1000	Total	416	584	1000

图 8.5　Python 中由 Type 和 Alcohol_flag (左侧)以及 Type 和 Sugar_flag (右侧)构成的列联表

我们还可以创建条形图来可视化该表中的概率。为此，需要调整上述列联表的代码，具体说明参见第 4 章。

```
t1_plot = pd.crosstab(wine_tr['Alcohol_flag'], wine_tr['Type'])
t1_plot.plot(kind='bar', stacked = True)
```

现在把注意力转到朴素贝叶斯算法本身。和以前一样，sklearn 不会自动处理类别变量。这意味着在运行算法之前，我们需要将 Alcohol_flag 和 Sugar_flag 转换为它们的虚拟变量(哑变量)版本。我们采用与第 6 章相同的方法。

```
X_Alcohol_ind = np.array(wine_tr['Alcohol_flag'])
(X_Alcohol_ind , X_Alcohol_ind_dict) = stattools.
 categorical(X_Alcohol_ind,
    drop=True, dictnames = True)
X_Alcohol_ind = pd.DataFrame(X_Alcohol_ind)
```

```
X_Sugar_ind = np.array(wine_tr['Sugar_flag'])
(X_Sugar_ind , X_Sugar_ind_dict) = stattools.
categorical(X_Sugar_ind,
    drop=True, dictnames = True)
X_Sugar_ind = pd.DataFrame(X_Sugar_ind)
X = pd.concat((X_Alcohol_ind, X_Sugar_ind), axis = 1)
```

在我们的虚拟自变量矩阵 X 中有四列，前两列对应于 Alcohol_flag，如果酒精含量高，第一列填入 1，否则为零。同样，如果酒精含量低，第二列的值为 1，否则为零。与此类似，第三列和第四列对应于高糖含量和低糖含量。

为了清晰起见，我们还将目标变量保存为 Y。

```
Y = wine_tr['Type']
```

最后，我们继续讨论朴素贝叶斯算法。

```
nb_01 = MultinomialNB().fit(X, Y)
```

与以前的算法一样，有两个步骤：指定算法的参数并将含有特定参数的算法与数据相拟合。对于这个例子中的 MultinomialNB() 算法，不需要设置额外的参数。当我们将模型拟合到 X 和 Y 变量时，我们将输出保存为 nb_01。

为了在测试数据上测试朴素贝叶斯估计值，首先需要将测试数据集中的 X 变量设置为虚拟变量。我们采用与训练数据相同的步骤，具体操作如下。

```
X_Alcohol_ind_test = np.array(wine_test['Alcohol_flag'])
(X_Alcohol_ind_test, X_Alcohol_ind_dict_test) =
 stattools.categorical(X_Alcohol_ind_test,
    drop=True, dictnames = True)
X_Alcohol_ind_test = pd.DataFrame(X_Alcohol_ind_test)
X_Sugar_ind_test = np.array(wine_test['Sugar_flag'])
(X_Sugar_ind_test, X_Sugar_ind_dict_test) = stattools.
  categorical(X_Sugar_ind_test,
    drop=True, dictnames = True)
X_Sugar_ind_test = pd.DataFrame(X_Sugar_ind_test)
X_test = pd.concat((X_Alcohol_ind_test, X_Sugar_ind_
test), axis = 1)
```

一旦我们为测试数据集设置好了自变量，就可以执行预测了。

```
Y_predicted = nb_01.predict(X_test)
```

针对朴素贝叶斯对象 nb_01 使用 predict()命令将为测试数据集中的每个记录生成一个标签数组，标签为 Red(红)或 White(白)。

最后，我们想要一个由实际的葡萄酒类型和预测的葡萄酒类型构成的列联表。我们将再次使用 crosstab()命令。

```
ypred = pd.crosstab(wine_test['Type'], Y_predicted,
rownames = ['Actual'],
    colnames = ['Predicted'])
ypred['Total'] = ypred.sum(axis=1); ypred.loc['Total'] =
ypred.sum(); ypred
```

位于 wine_test['Type']变量中的真实的葡萄酒类型构成行，而预测的葡萄酒类型 Y_predicted 构成列。可选的输入值 rownames 和 colnames 标记行和列的开头，以提高表的可读性。添加行和列总数的步骤与本节开头创建的列联表使用的步骤相同。得到的结果如图 8.6 所示。

Predicted Actual	Red	White	Total
Red	464	121	585
White	678	1082	1760
Total	1142	1203	2345

图 8.6　Python 中由实际的葡萄酒类型和预测的葡萄酒类型构成的列联表

8.5.2　R 中的朴素贝叶斯

将 wine_flag_training 和 wine_flag_test 数据集导入 R 中，分别将它们命名为 wine_tr 和 wine_test。

如果我们选择手动计算所需的概率值的话，首先要创建一些表。第一张表是由 Type 和 Alcohol_flag 构成的列联表。

```
ta <- table(wine_tr$Type, wine_tr$Alcohol_flag)
colnames(ta) <- c("Alcohol = High", "Alcohol = Low")
```

```
rownames(ta) <- c("Type = Red", "Type = White")
addmargins(A = ta, FUN = list(Total = sum), quiet = TRUE)
```

addmargins()命令的运行结果如图 8.1 中的列联表所示。

第二张表是由 Type 和 Sugar_flag 构成的列联表。

```
ts <- table(wine_tr$Type, wine_tr$Sugar_flag)
colnames(ts) <- c("Sugar = High", "Sugar = Low")
rownames(ts) <- c("Type = Red", "Type = White")
addmargins(A = ts, FUN = list(Total = sum), quiet = TRUE)
```

addmargins()命令的结果显示在图 8.2 的列联表中。

我们还可以创建如图 8.3 所示的并排在一起的条形图。核心代码是在本书前面介绍过的 ggplot()代码。但是，为了并排放置条形图，我们将微调此核心代码。

首先，安装允许我们并排放置图形的包：gridExtra 包。

```
install.packages("gridExtra"); library(gridExtra)
```

```
Then, run the ggplot() code as shown.
plot1 <- ggplot(wine_tr, aes(Type)) + geom_bar( aes(fill =
Alcohol_flag), position = "fill") +
     ylab("Proportion")
plot2 <- ggplot(wine_tr, aes(Type)) + geom_bar( aes(fill =
Sugar_flag), position = "fill") +
     ylab("Proportion")
grid.arrange(plot1, plot2, nrow = 1)
```

ggplot()代码本身在第 4 章中已介绍过。请注意，我们将每个图保存在它自己的名称下：plot1 是针对 Alcohol_flag 的叠加图，plot2 是 Sugar_flag 的叠加图。在保存每个图之后，我们运行 grid.arrange()命令，其中有三个输入值：plot1、plot2 和 nrow=1，用于指定我们希望将两个图并排放置在一行上。结果如图 8.3 中并排的条形图所示。

既然我们有了希望的列联表和条形图，我们就开始使用朴素贝叶斯算法。软件包 e1071 包含朴素贝叶斯分类算法。安装并打开此包。

```
install.packages("e1071"); library(e1071)
```

运行朴素贝叶斯(Naïve Bayes)估计器。

```
nb01 <- naive Bayes(formula = Type ~ Alcohol_flag +
```

```
Sugar_flag, data = wine_tr)
```

naiveBayes()命令将构建朴素贝叶斯模型。formula 输入将目标变量 Type 放在波浪号的左边，并将两个自变量 Alcohol_flag 和 Sugar_flag 放在波浪号的右边，中间用加号分隔。data 输入指定这些变量来自的数据集。我们将此模型保存为 nb01。

为了观察朴素贝叶斯模型中使用的先验概率和条件概率，请单独运行模型的名称。

```
nb01
```

输出结果如图 8.7 所示。

```
Naive Bayes Classifier for Discrete Predictors

Call:
naiveBayes.default(x = X, y = Y, laplace = laplace)

A-priori probabilities:
Y
  Red White
  0.5   0.5

Conditional probabilities:
        Alcohol_flag
Y         High   Low
  Red    0.436 0.564
  White  0.536 0.464

        Sugar_flag
Y         High   Low
  Red    0.232 0.768
  White  0.600 0.400
```

图 8.7 R 中运行朴素贝叶斯模型的输出

输出中主要关注的两项是 A-priori probabilities 和 Conditional probabilities。A-priori probabilities 是 $p(Y)$ 的值，Conditional probabilities 是计算 $p(Y|X)$ 得到的结果值。

为了预测测试数据集中每种葡萄酒的类型，我们使用 predict()命令：

```
ypred <- predict(object = nb01, newdata = wine_test)
```

object = nb01 输入指定我们正在使用朴素贝叶斯模型， newdata = wine_test 输入指明使用的测试数据集。算法将测试数据集中的每条记录分为白葡萄酒或红葡萄酒，并将分类的字符串结果保存为 ypred。

最后，我们创建了实际的葡萄酒类型相对于预测的葡萄酒类型的列联表。

```
t.preds <- table(wine_test$Type, ypred)
rownames(t.preds) <- c("Actual: Red", "Actual: White")
```

```
colnames(t.preds) <- c("Predicted: Red", "Predicted: White")
addmargins(A = t.preds, FUN = list(Total = sum), quiet = TRUE)
```

addmargins()命令的运行结果如图 8.4 所示。

8.6　习题

概念辨析题

1. 贝叶斯定理用什么信息更新我们之前对数据参数的认知?

2. 先验概率代表什么?

3. 用什么公式表示数据在目标变量的类值中的行为?

4. 用什么公式表示数据在不考虑类值情况下的行为?

5. 上一个练习中的公式叫什么?

6. 后验概率代表什么?

7. 如果我们事先没有参数的信息,那么如何使用先验概率?

8. 最大后验假设如何帮助我们对记录进行分类?

9. 什么是分类条件独立性假设?

10. 如果我们有一个以上的自变量,例如我们有两个自变量 $X^*=\{X_1=x_1, X_2=x_2\}$,那么如何重写 $p(X^* \mid Y=y^*)$ 呢?

数据处理题

对于如下练习,将使用 wine_flag_training 和 wine_flag_test 数据集,使用 Python 或 R 求解每个问题。

11. 创建两个列联表,一个使用 Type 和 Alcohol_flag,另一个使用 Type 和 Sugar_flag。

12. 使用上一个练习中的表计算:

　　a. Type = Red 且 Type = White 的先验概率。

　　b. 酒精含量高低的概率。

　　c. 糖分高低的概率。

　　d. 条件概率 p(Alcohol_flag = High ∣ Type = Red)和 p(Alcohol_flag = Low ∣ Type = Red).

　　e. 条件概率 p(Alcohol_flag = High ∣ Type = White)和 p(Alcohol_flag = Low ∣ Type = White)。

　　f. 条件概率 p(Sugar_flag = High ∣ Type = Red)和 p(Sugar_flag = Low ∣ Type = Red).

g. 条件概率 p(Sugar_flag = High | Type = White)和 p(Sugar_flag = Low | Type = White)。

13. 使用前面练习中计算的概率进行如下讨论：

　　a. 随机挑选的葡萄酒是红葡萄酒的可能性有多大。

　　b. 随机挑选的葡萄酒的酒精含量高的可能性有多大。

　　c. 随机挑选的葡萄酒含糖量低的可能性有多大。

14. 使用前面得到的条件概率继续讨论：

　　a. 一款典型的白葡萄酒的酒精和糖含量的可能情况。

　　b. 一款典型的红葡萄酒的酒精和糖含量的可能情况。

15. 为 Type 创建两个并排的条形图，一个是针对 Alcohol_flag 的叠加图，另一个是针对 Sugar_flag 的叠加图。将这些图与你计算的条件概率进行比较分析。

16. 对于酒精含量低、糖含量高的葡萄酒，计算 Type = Red 的后验概率。针对同一种葡萄酒计算 Type = White 的后验概率。

17. 基于你对前一个习题的解答，确定一款酒精含量低、含糖量高的葡萄酒更有可能是哪种类型的葡萄酒，红葡萄酒还是白葡萄酒。朴素贝叶斯分类器将这种葡萄酒归类为什么？

18. 对于酒精含量高、糖含量低的一款葡萄酒，计算 Type = Red 的后验概率。针对同一种葡萄酒计算 Type = White 的后验概率。

19. 基于你对上一个练习的解答，确定一款酒精含量高、含糖量低的葡萄酒更有可能是哪种类型的葡萄酒，红葡萄酒还是白葡萄酒。朴素贝叶斯分类器将这种葡萄酒归类为什么？

20. 运行朴素贝叶斯分类器，根据酒精和糖含量将葡萄酒分类为白葡萄酒或红葡萄酒。

21. 使用 wines_test 数据集评估朴素贝叶斯模型。在列联表中显示结果。编辑该表的行名称和列名称，使表更具可读性。表中要包括汇总行和列。

22. 根据上一个练习中得到的表，得到朴素贝叶斯模型的以下值：

　　a. 准确度

　　b. 错误率

23. 根据你的列联表，得到朴素贝叶斯模型的以下值：

　　a. 它对红葡萄酒进行正确分类的概率。

　　b. 它对白葡萄酒进行正确分类的概率。

实践分析题

对于以下练习，请使用 framingham_nb_training 和 framingham_nb_test 数据集。使用 Python 或 R 求解每个问题。

24. 将所有变量(Death、Sex 和 Educ)转换为因子。

25. 创建两个列联表，一个表针对 Death 和 Sex，另一个表针对 Death 和 Educ。

26. 使用上一个练习中得到的表计算：

    a. 随机选择的一个人是活着或死亡的概率。

    b. 随机选择的一个人是男性的概率。

    c. 随机选择的一个人其 Educ 为 3 的概率。

    d. 一个死者为男性且受教育程度为 1 级的概率，以及一个活人为男性且受教育程度为 1 级的概率。

    e. 一个活人是受教育程度为 2 级的女性的概率，以及一个死者是受教育程度为 2 级的女性的概率。

27. 为 Death 创建两个并排的条形图，一个叠加了 Sex 图形，另一个叠加了 Educ 图形。

28. 使用上一练习中的图形回答以下问题：

    a. 如果我们知道一个人死了，死的人更可能是男性还是女性？

    b. 如果我们知道一个人还活着，他更可能是男性还是女性？

    c. 如果我们知道一个人死了，他最有可能达到什么教育水平？

    d. 如果我们知道一个人还活着，他最有可能达到什么教育水平？

    e. 哪些教育水平对死者而言更为常见呢？对于活人呢？

29. 计算受教育程度为 1 的男性活着(Death=0)的后验概率。计算受教育程度为 1 的男性已死亡(Death=1)的后验概率。

30. 计算受教育程度为 2 级的女性活着(Death=0)的后验概率。计算受教育程度为 2 级的女性已死亡(Death=1)的后验概率。

31. 运行朴素贝叶斯分类器，根据性别和教育将人分类为活着的或死亡的。

32. 使用 framingham_nb_test 数据集评估朴素贝叶斯模型。在列联表中显示结果。编辑表的行名称和列名称，使表更具可读性。包括汇总行和列。

33. 根据上一个练习中的表，得到朴素贝叶斯模型的以下值：

    a. 准确度

    b. 错误率

34. 根据你的列联表，找到朴素贝叶斯模型的以下值：

    a. 它能正确分类死者的概率。

    b. 它能正确分类活人的概率。

第**9**章
神 经 网 络

9.1 神经网络简介

神经网络(neural networks)代表了一种在非常基础的层面上模仿非线性学习类型的尝试,这种非线性学习普遍存在于自然界中的神经元网络中,如人的大脑。如图 9.1 所示,来自人脑的神经元使用树突收集来自其他神经元的输入,并组合这些输入信息,在达到特定阈值时会产生某种非线性响应("激发"),并使用轴突将其发送给其他神经元。图 9.1 还显示了在大多数神经网络中使用的一种人工神经元模型。输入(x_i)是从上游神经元(或数据集)收集的信息,并通过诸如求和(Σ)的某种组合函数加以整合,然后将其输入到(通常为非线性的)激活函数中,以产生输出响应(y),随后可以将响应 y 输出到下游的其他神经元。

神经网络的主要优点是,由于激活函数的非线性性质,它们对嘈杂的、复杂的或非线性数据具有很强的鲁棒性。另一方面,神经网络的主要缺点是它们相对晦涩不便于理解,这一点恰好与决策树这样的模型相反。

9.2 神经网络结构

让我们查看一些图 9.2 所示的简单神经网络。

神经网络由一种由人工神经元或节点构成的分层的、前馈的、完全连接的网络。

- 网络的前馈(feedforward)特性将网络流限制在单一流向,不允许出现环路或循环。
- 大多数神经网络由三层组成:输入层、隐藏层和输出层。
  - ◆ 其中可能有多个隐藏层,尽管大多数网络仅包含一个隐藏层,并且这对于大多数应用而言是足够的。

- 神经网络是完全连接的，这意味着某个给定层中的每个节点都连接到相邻层中的每个节点，但不是连接到同一层中的其他节点。
  - ◆ 节点之间的每条连接都有一个与其相关联的权重(例如 W_{1A})。
  - ◆ 初始化时，随机为这些权重分配 0 到 1 之间的值。

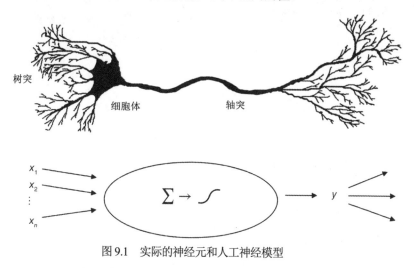

图 9.1　实际的神经元和人工神经模型

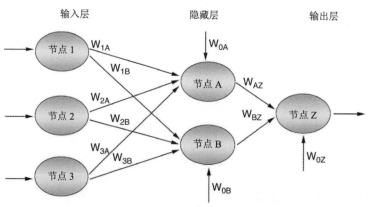

图 9.2　神经网络的一个简单示例

输入节点的数量取决于数据集中属性的数量和类型。输入层接受来自数据集的输入，如属性值，并简单地将这些值传递给隐藏层，而不需要进一步处理。

分析人员可以配置隐藏层的数量和每个隐藏层中的节点数量。一个隐藏层中应该有多少个节点？由于在隐藏层中拥有更多的节点会增加网络识别复杂模式的能力和灵活性，因此人们可能倾向在隐藏层中拥有大量的节点。然而，过大的隐藏层会导致过度拟合，以牺牲对验证集的可归纳性(泛化能力)为代价来记忆训练集。如果发生过拟合，可以考虑减少隐藏层中的节点数。相反，如果训练准确度不可接受，可以考虑增加隐藏层中节点的数量。

9.3 连接权重和组合函数

隐藏层和输出层中的节点收集前一层的输入，并使用组合函数(combination function)对输入加以组合。这个组合函数(通常是求和$\sum$)将节点输入和连接权重线性组合成一个标量值，我们称之为 net(净值)。因此，对于给定的节点 j，

$$net_j = \sum_i W_{ij}x_{ij} = W_{0j}x_{0j} + W_{1j}x_{1j} + W_{Ij}x_{Ij}$$

其中，x_{ij} 表示节点 j 的第 i 个输入，W_{ij} 表示与节点 j 的第 i 个输入相关联的权重，并且对节点 j 有 I + 1 个输入。请注意，x_1, x_2, …, x_i 表示来自上游节点的输入，而 x_0 表示常量(constant)输入，类似于回归模型中的常数因子。按照惯例，它唯一地采用输入值 $x_{0j}=1$。因此，每个隐藏层或输出层节点 j 包含一个"额外"输入，该输入等于特定的权重 $W_{0j}x_{0j}=W_{0j}$，例如节点 B 的 W_{0B}。

我们使用表 9.1 中提供的 toy 简单小规模数据说明隐藏层节点和输出层节点的结构。

表 9.1　数据输入和神经网络权重的初始值

$x_0 = 1.0$	$W_{0A} = 0.5$	$W_{0B} = 0.7$	$W_{0Z} = 0.5$
$x_1 = 0.4$	$W_{1A} = 0.6$	$W_{1B} = 0.9$	$W_{AZ} = 0.9$
$x_2 = 0.2$	$W_{2A} = 0.8$	$W_{2B} = 0.8$	$W_{BZ} = 0.9$
$x_3 = 0.7$	$W_{3A} = 0.6$	$W_{3B} = 0.4$	—

例如，对于隐藏层中的节点 A，我们有：

$$net_A = \sum_i W_{iA}x_{iA} = W_{0A}(1) + W_{1A}x_{1A} + W_{2A}x_{2A} + W_{3A}x_{3A}$$
$$= 0.5 + 0.6 \times (0.4) + 0.80 \times (0.2) + 0.6 \times (0.7) = 1.32$$

因此，在图 9.3 中我们看到节点 A 将其输入组合成值为 1.32 的净输入(net input)。在节点 A 中，该组合函数的值 $net_A=1.32$ 随后用作激活函数的输入。在生物神经元中，信号在神经元之间传递，当一个特定神经元的输入信号组合值超过某个阈值，该神经元就会"激发(fire)"，这是一种非线性行为，因为激发响应不一定与输入激励的增量呈线性关系。

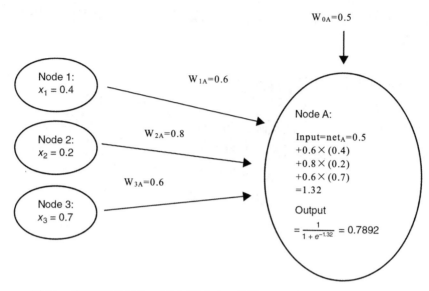

图9.3　神经网络的细节，显示了到节点 A 的输入、节点 A 的组合函数和输出

最常见的激活函数是 sigmoid 函数：

$$y = \frac{1}{1+e^{-x}}$$

其中 e 是自然对数的底，约等于 2.718281828。因此，在节点 A 内，激活时将以 $net_A=1.32$ 作为 sigmoid 激活函数的输入，并产生以下公式

$$y = f(net_A) = \frac{1}{1+e^{-1.32}} = 0.7892$$

的输出值。

节点 A 的工作已完成(暂时性)，然后这个输出值将通过连接传递到输出节点 Z，在那里它将形成(通过另一个线性组合)net_Z 的一个组成部分。

在此将计算 $net_B=1.5$ 和 $f(net_B)=1/(1+e^{-1.5}) = 0.8176$ 作为一个书后练习题。然后，节点 Z 通过 net_Z 将来自节点 A 和 B 的这些输出组合为一个加权和，使用了与这些节点之间的连接相关联的权重。请注意，到节点 Z 的输入 x_i 不是数据属性值，而是来自上游节点的 sigmoid 函数的输出。

$$net_Z = \sum_i W_{iZ}x_{iZ} = W_{0Z}(1) + W_{AZ}x_{AZ} + W_{BZ}x_{BZ}$$
$$= 0.5 + 0.9 \times 0.7892 + 0.9 \times 0.8176 = 1.9461$$

最后，net_Z 是节点 Z 中 sigmoid 激活函数的输入，从而得到：

$$f = (net_Z) = \frac{1}{1+e^{-1.9461}} = 0.8750$$

值 0.8750 是数据第一次通过神经网络时该神经网络的输出,表示第一次观测时目标变量的预测值。

9.4 sigmoid 激活函数

一种常见的激活函数是 sigmoid 函数:

$$y = f(x) = \frac{1}{1 + e^{-x}}$$

为什么要使用 sigmoid 函数? 因为它组合了近似线性(nearly linear)的行为、曲线(curvilinear)行为和近似常数(nearly constant)的行为,具体情况依赖于输入值。图 9.4 显示了 $-5 < x < 5$ 的 sigmoid 函数的图形。输入 x 的大部分中心区域(例如 $-1 < x < 1$), $f(x)$ 的行为几乎是线性的。当输入逐渐远离中心时, $f(x)$ 变成曲线。当输入达到极限值时, $f(x)$ 变得接近常数。

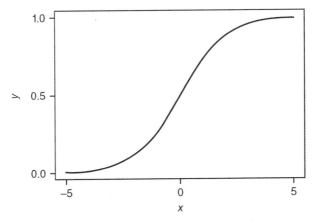

图 9.4 sigmoid 函数 $y = f(x) = 1/(1 + e^{-x})$ 的图形

x 值的适中增量得到的 $f(x)$ 值的增量是不同的,具体取决于 x 的位置。靠近中心位置, x 值的适中增量产生适中增量的 $f(x)$; 然而, 接近极限位置时, x 值的适中增量只能使 $f(x)$ 的值微小增加。

9.5 反向传播

神经网络是如何学习的? 当训练集的每个观察结果都通过网络处理后,输出节点会产生一个输出值。然后将该输出值与这个训练集观测的目标变量的实际值进行比较，并计算出误差(实际值-输出值)。这种预测误差类似于线性回归模型中的预测误差。为了衡量输出预测与实际目标值的拟合情况，大多数神经网络模型使用平方误差和(Sum of Squared Errors，SSE)：

$$SSE = \sum_{records} \sum_{output\ nodes} (actual - output)^2$$

其中，平方预测误差是对所有输出节点以及训练集中的所有记录进行求和的。因此，目前的问题是构造一组最小化 SSE 的模型权重。这样，模型权重就类似于回归模型的参数。将 SSE 最小化的权重的"真实"值是未知的，我们的任务是在给定数据的情况下估计它们。

然而，由于 sigmoid 函数渗透到神经网络中的非线性特性，无法找到像最小二乘回归中存在的可以最小化 SSE 的封闭形式解。因此，采用了优化方法，特别是梯度下降法。

反向传播算法执行以下操作：

(1) 它获取特定记录的预测误差(实际-输出)，并将误差反向传递回网络中。

(2) 将造成误差的责任进行划分后分配给各个连接。

(3) 然后使用梯度下降法调整这些连接上的权重，以减小误差。

9.6　神经网络模型的应用

接下来我们将说明一个使用 Framingham Heart Study(弗雷明翰心脏研究)[1]数据子集的神经网络模型的例子。Framingham_training 数据集包含有关 7953 名患者三个变量的信息。其中，Sex(性别)是一个二元自变量，1=男性(Male)，2=女性(Female)，Age(年龄)是一个连续的自变量。目标变量是 Death(死亡)，其值为 0=生存，1=死亡。

通过探索性数据分析，即通过图 9.5 和图 9.6 以及表 9.2 和表 9.3，可以获得自变量与目标变量之间关系的线索。图 9.5 和图 9.6 中的柱状图显示，随着年龄的增长，死亡的比例也增加。表 9.2 和表 9.3 显示，男性死亡的比例高于女性。因此，这些相互关系应该反映在我们的神经网络模型结果中。

1　www.framinghamheartstudy.org.

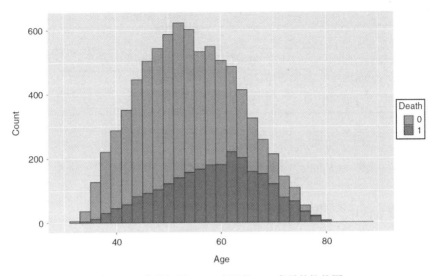

图 9.5　R 中叠加了 Death 变量的 Age 变量的柱状图

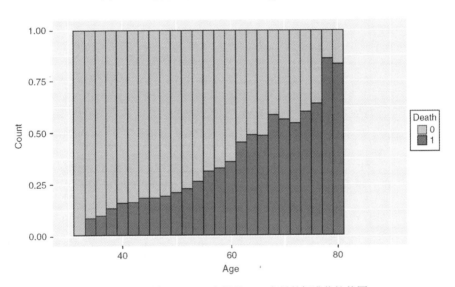

图 9.6　R 中叠加了 Death 变量的 Age 变量的标准化柱状图

表 9.2　Sex 和 Death 变量的列联表

Death		Sex		
		Male	**Female**	**Total**
	0	2113	3422	5535
	1	1324	1094	2418
	Total	3437	4516	7953

表 9.3　含有列百分比的 Sex 和 Death 变量的列联表

Death	Sex		
		Male (%)	Female (%)
0		61.5	75.8
1		38.5	24.2

为了便于理解，我们只选择一个单独的隐藏层，并且仅包含一个神经元。图 9.7 显示了基于 Framingham_training 数据集生成的，使用 R 构建的神经网络模型结果。

9.7　解释神经网络模型中的权重

神经网络模型中的权重表示在给定数据的情况下模型试图向你表达的信息。这些权重类似于回归模型中的自变量系数。让我们看一下能从图 9.7 中的权重中收集到什么信息。

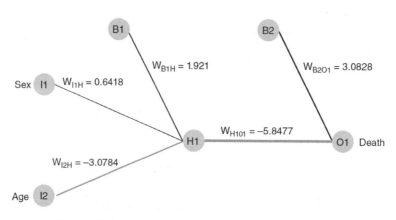

图 9.7　基于 Framingham Heart Study 数据的神经网络模型

首先，让我们忽略偏置(常数项)权重 B1 和 B2，因为它们并不影响自变量和响应之间的关系。接下来，回顾我们的探索性数据分析(EDA)，我们发现在弗雷明翰心脏研究中，较大的年龄和男性都与较高的死亡概率相关。此外，Sex 是一个二元自变量，1 = Male，2 = Female，因此 Sex 值的增加应该与死亡概率的降低相关联。让我们查看一下这些 EDA 结果是否体现在神经网络权重中以及如何体现在神经网络权重中。

现在，隐藏层节点 H1 和输出节点 O1 之间的连接权重取一个负值，$W_{H1O1} = -5.8477$。因此，当隐藏层节点 H1 被激发到一个较高的值时，它实际上具有防止死亡的保护作用，因为这个负值权重降低了死亡的概率。

接下来，从 Sex 自变量到隐藏层节点的连接权重取一个正值，$W_{I1H} = 0.6418$。这意味着较大的 Sex 值(女性)将会把隐藏层神经元 H1 激发到一个较高的值。正如我们刚刚了解到的，H1 的这种高值降低了死亡的可能性。因此，该权重告诉我们作为女性可以降低死亡的可能性，就像我们在 EDA 中看到的那样。

最后，从 Age 自变量到隐藏层节点的权重取一个负值，$W_{I2H} = -3.0784$。这意味着年龄值越高，隐藏层神经元 H1 的值越低。从 H1 到输出节点 O1 的低值导致很高的死亡概率，因为它的权重也是负值。因此，权重告诉我们年龄的增加与死亡概率的增加有关，正如我们在 EDA 中看到的那样。

9.8　如何在 R 中使用神经网络

首先，将 Framingham_training 数据集作为 fram_train 读取到 R 中，并将二元有序变量 Death 和 Sex 转换为因子变量。

```
fram_train$Death <- as.factor(fram_train$Death)
fram_train$Sex <- as.factor(fram_train$Sex)
```

对 Age 变量执行最大最小归一化处理：

```
fram_train$Age.mm <- (fram_train$Age - min(fram_train$Age)) /
(max(fram_train$Age) - min(fram_train$Age))
```

安装 nnet 和 NeuralNetTools 软件包，并打开这两个软件包。

```
install.packages("nnet"); install.packages("NeuralNetTools")
library(nnet); library(NeuralNetTools)
```

运行神经网络算法。

```
nnet01 <- nnet(Death ~ Sex + Age.mm, data = fram_train, size = 1)
```

注意上式的结构，目标变量 Death 在波浪号的左侧，两个自变量 Sex 和 Age 在波浪号的右侧。data = fram_train 输入指定三个变量的来源。size = 1 命令指明隐藏层中有一个单元。

注意，神经网络输出保存为 nnet01。为了获得神经网络的图形和权重，保存输出是必要的。

接下来，绘制神经网络图。

```
plotnet(nnet01)
```

带有 nnet01 输入的 plotnet()命令的输出类似于图 9.7。

最后，可以获得神经网络的权重。

```
nnet01$wts
```

9.9　习题

概念辨析题

1. 神经网络分类代表一种模仿什么的尝试？
2. 使用图 9.1，解释人工神经元模型如何模仿真实神经元的行为。
3. 使用神经网络建模的主要好处是什么？是什么赋予神经网络这种能力？
4. 描述神经网络建模的主要缺点。
5. 解释当我们说一个神经网络是完全连接的时候我们的具体意思。
6. 描述在隐藏层中使用较多或较少节点带来的好处和缺点。
7. 参考本书中的示例，计算 net_B=1.5 和 $f(net_B) = \dfrac{1}{(1+e^{-1.5})} = 0.8176$。
8. 解释 sigmoid 函数如何组合近线性行为、曲线行为和近似常数行为。
9. 描述反向传播的过程。
10. 神经网络的本质问题是构造一组权重用于最小化什么指标呢？

数据处理题

对于如下练习，将使用 Framingham_training 和 Framingham_test 数据集，使用 Python 或 R 求解每个问题。

11. 将二元有序变量 Death, Sex 和 Educ 转换为因子变量。
12. 运行神经网络算法，通过使用 Sex 和 Educ 预测 Death。
13. 绘制神经网络图。
14. 获取神经网络的权重。确定神经网络的各部分连接的权重。
15. 使用 Framingham_test 数据集评估神经网络模型。构建一个列联表比较死亡的实际值和预测值。

16. 我们将你的神经网络模型与哪种基准模型进行比较？根据准确度指标，它是否优于基准模型？

实践分析题

对于以下练习，请使用 adult_ch6_training 和 adult_ch6_test 数据集。使用 Python 或 R 求解每个问题。

17. 通过执行以下操作，为神经网络建模准备数据集。

a. 创建一个二元变量，如果 Cap_Gains_Losses 大于零，则该变量等于 1；否则该变量为零。称该变量为 CapGainsLossesPositive。

b. 将 Marital.status、Income 和 CapGainsLossesPositive 二元变量转化为因子变量。

18. 使用训练数据集创建一个神经网络模型，使用 Marital.status 和 CapGainsLossesPositive 预测客户的收入。称此模型为 NNM1(即神经网络模型 1)。获得预测的响应。

19. 绘制 NNM1 神经网络图。

20. 使用测试数据集评估 NNM1。构建一个列联表比较收入的实际值和预测值。

21. 我们将 NNM1 与哪个基准模型进行比较呢？基于准确度指标，NNM1 是否优于基准模型呢？

22. 收集你之前在第 6 章和第 8 章的练习中对 adult_ch6_training 和 adult_ch6_test 数据集建模的结果(列联表)。在第 6 章中，将 CART 模型称为 CARTM1 ，并将 C5.0 模型称为 C5M1。在第 8 章中，我们称朴素贝叶斯模型为 NBM1。

23. 根据以下标准，将 NNM1 的结果与上一练习中的三个模型进行比较。根据每个指标详细讨论哪个模型的表现最好和最差。

a. 准确度

b. 灵敏度

c. 特异度

对于以下练习，请使用 bank_marketing_training 和 bank_marketing_test 数据集。可以使用 Python 或 R 求解每个问题。

24. 准备用于神经网络建模的数据集，包括对变量进行标准化。

25. 使用训练数据集创建一个神经网络模型，使用你认为合适的自变量预测客户的响应。获得预测的响应。

26. 绘制神经网络图。

27. 使用测试数据集评估神经网络模型。构建一个列联表比较响应的实际值和预测值。

28. 我们将你的神经网络模型与哪种基准模型进行比较？根据准确度，它是否优于基准模型？

29. 使用与你的神经网络模型相同的自变量，使用以下算法建立模型预测响应：

    a. CART

    b. C5.0

    c. 朴素贝叶斯

30. 根据以下指标，将你的神经网络模型的结果与上一个练习中的三个模型进行比较。根据每个指标详细讨论哪个模型的表现最好和最差。

    a. 准确度

    b. 灵敏度

    c. 特异度

第 **10** 章

聚　类

10.1　聚类的定义

　　聚类(clustering)指将记录、观察结果或实例聚集成由相似对象构成的类别。簇(cluster)是彼此相似的记录的集合，并且该簇中的记录与其他簇中的记录不相似。聚类不同于分类，因为对于聚类而言没有目标变量。聚类任务并非尝试对目标变量的值进行分类、估计或预测。相反，聚类算法寻求将整个数据集分割成相对同质(同类)的子集或簇，对簇内记录的相似性最大化，并最小化与簇外记录的相似性。

　　例如，由 Claritas 公司开发的 Nielsen Prizm 细分市场工具，根据邮政编码定义的不同生活方式类型，代表了美国每个地理区域的人口统计概况。例如，针对邮政编码为90210(Beverly Hills, California)标识的簇为：

- 簇 01：上层人士(Upper Crust Estates)
- 簇 03：商业领袖(Movers and Shakers)
- 簇 04：年轻科技英才(Young Digerati)
- 簇 07：财智双全人群(Money and Brains)
- 簇 16：波希米亚一族(Bohemian Mix)

簇 01 的描述：Upper Crust 是 "美国最显赫的地址，它代表美国最富有的生活方式，是 45 岁至 64 岁空巢夫妇的天堂"。该类人群是年收入超过 10 万美元并拥有研究生学位最集中的居民，代表最奢华的生活水平。"

　　商业和研究领域中的聚类的任务包括：

- 针对没有大规模营销预算的小型资本化企业而言，可以利用聚类对小众型产品进行目标营销。
- 出于会计审计目的，将财务活动区分成良性和存疑两种类别。
- 对于基因表达聚类，非常大量的基因可能表现出类似的行为。

聚类作为数据挖掘过程中的一个初步处理步骤来执行，聚类的结果被用作后续不同处理技术(如神经网络)的进一步输入。由于目前许多数据库规模庞大，首先应用聚类分析通常是有益的，以减少下游算法的搜索空间。

所有的聚类方法都以识别不同组的记录为目标，使得同一组中记录的相似性很高，而不同组的记录的相似性很低。换言之，如图 10.1 所示，聚类算法寻求构建由记录构成的簇，以便使簇之间的变化明显大于簇内的变化。

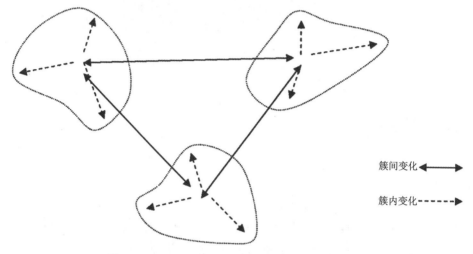

簇间变化 ←——→

簇内变化 ←----→

图 10.1　簇应该有较小的簇内变化和较大的簇间变化

10.2　*k* 均值聚类算法简介

迄今，提出了许多不同的聚类方法，包括层次聚类、Kohonen 网络聚类和 BIRCH 聚类等。这里，我们将重点讨论 *k* 均值聚类算法。*k* 均值(*k*-means)聚类算法是一种简单有效的数据聚类算法。算法的工作过程如下：

- 步骤 1：询问用户应将数据集划分成的簇的个数 *k*。
- 步骤 2：随机分配 *k* 个记录作为初始的簇中心位置。
- 步骤 3：对于每个记录，查找最近的簇中心。因此，在某种意义上，每个簇中心"拥有"所有记录的一个子集，从而表示数据集的一个分区。我们因此可获得 *k* 个簇，C_1, C_2, …, C_k。
- 步骤 4：对于 *k* 个簇中的每个簇，找到簇的质心(centroid)，并将每个簇中心的位置更新为新计算出的质心值。
- 步骤 5：重复步骤 3~4，直到收敛或终止。

步骤 3 中的 "最近" 标准通常是欧几里得距离, 尽管也可以应用其他标准。步骤 4 中的簇质心发现过程如下。假设我们有 n 个数据点 (a_1, b_1, c_1), (a_2, b_2, c_2), $\cdots$, (a_n, b_n, c_n), 这些点的质心是这些点的重心, 并位于点 $(\sum a_i/n, \sum b_i/n, \sum c_i/n)$。例如, 四个点 $(1,1,1)$、$(1,2,1)$、$(1,3,1)$ 和 $(2,1,1)$ 将具有如下质心:

$$\left(\frac{1+1+1+2}{4}, \frac{1+2+3+1}{4}, \frac{1+1+1+1}{4}\right) = (1.25, 1.75, 1.00)$$

当质心不再改变时, 算法终止。换句话说, 对于所有簇 C_1, C_2, ..., C_k, 当每个簇中心 "拥有" 的所有记录都保留在该簇中时, 算法终止。

10.3 k 均值聚类的应用

我们将 k 均值聚类算法应用于 white_wine_training 和 white_wine_test 数据集。这些数据集取自 UCI 的 Wine Quality(葡萄酒质量)数据集。这些数据包括一系列产自葡萄牙的白葡萄酒的化学和质量特征。自变量(预测因子)是酒精(alcohol)和糖(sugar)。根据专业的品酒师的说法, 目标变量是品质(quality), 一种衡量葡萄酒好还的指标。在构建簇时, 重要的是不要将目标变量作为聚类算法的输入。这样做的目的是防止我们以后使用分簇预测目标时会使结果产生偏差。此外, 标准化或归一化所有自变量也很重要, 这样某个自变量的较大变异性就不会主导分簇的构建过程。

现在, k 均值算法要求分析者指定所需的分簇数量。为了简单起见, 我们指定 $k=2$ 个簇, 并继续将 k 均值聚类算法应用于自变量酒精和糖。我们使用了 Python。表 10.1 显示了两个得到的簇中每个自变量的均值。簇 1 包含 712 种葡萄酒, 其平均糖含量比训练数据集中所有白葡萄酒的总平均糖含量高出 0.96 个标准差。(也就是说, 簇 1 的 sugar_z 正态变量的标准化均值为 0.96。)然而, 聚类 1 的平均酒精含量比所有葡萄酒的平均酒精含量低 0.76 标准偏差。簇 2 包含 1097 种葡萄酒, 它们的平均糖含量低于簇 1(比总体平均值低 0.62 标准差), 但它们的酒精含量较高, 比总体平均值高 0.49 标准差。

表 10.1 针对 white_wine_training 数据集聚类(分簇)后的变量均值

变量	簇 1：712 种葡萄酒 "甜葡萄酒"	簇 2：1097 种葡萄酒 "干葡萄酒"
Sugar_z	0.96	- 0.62
Alcohol_z	- 0.76	0.49

将图 10.2 中执行 Python 代码的结果复制在表 10.1 中。

因此, 可以将簇 1 标识为包含 "甜葡萄酒", 即高糖但低酒精, 而簇 2 包含 "干葡萄酒",即低糖但含有较高的酒精量。也许,最重要的分簇(聚类)验证方法是获得主题领域专家认为有意义的簇。对互联网进行快速搜索可以使我们了解如何在现实世界中获得这些不同品质的葡萄酒:"在发酵过程中,酵母将糖……转化为乙醇(酒精)……"。因此,我们的聚类算法并无新奇之处,只不过发现了这两种"天然"的白葡萄酒簇:甜葡萄酒和干葡萄酒。总的来说,干葡萄酒的发酵时间明显长于甜葡萄酒。

```
In [106]: Cluster1.describe()        In [107]: Cluster2.describe()
Out[106]:                            Out[107]:
          alcohol_z     sugar_z                alcohol_z      sugar_z
count   712.000000   712.000000      count   1097.000000  1097.000000
mean     -0.755428     0.961034      mean       0.490305    -0.623752
std       0.580989     0.818726      std        0.905663     0.475694
min      -1.826971    -0.908740      min       -1.576448    -1.122791
25%      -1.158911     0.354160      25%       -0.156821    -0.951551
50%      -0.908388     0.867883      50%        0.427732    -0.844525
75%      -0.407343     1.488630      75%        1.179299    -0.352208
max       2.014374     5.512788      max        2.891203     1.477928
```

图 10.2 基于训练数据集的簇 1(左侧)和簇 2(右侧)的 Python 描述结果

10.4 簇验证

我们应验证簇解决方案。由于没有使用训练数据集进行预测,因此我们只需要重新应用 k 均值算法,但这次将其应用于白葡萄酒测试(white_wine_test)数据集,并与使用训练集所得的结果进行比较。表 10.2 包含分簇后得到的变量均值。如表 10.3 所示,平均差值(训练集结果减去测试集结果)相对较小。希望进一步验证的分析师可以在这里执行双样本 t 检验。

表 10.2 针对 white_wine_test 数据集分簇后的变量均值

变量	簇 1:638 种葡萄酒"甜葡萄酒"	簇 2:1122 种葡萄酒"干葡萄酒"
Sugar_z	1.07	− 0.61
Alcohol_z	− 0.80	0.46

将图 10.3 中执行 Python 代码的结果填入表 10.2 中。为了容易理解,保留"簇 1"和"簇 2"的簇标签,这些簇标签是聚类算法任意分配的。

表 10.3　基于训练数据集和测试数据集分簇后得到结果的变量均值差

变量	训练-测试 "甜葡萄酒"	训练-测试 "干葡萄酒"
Sugar_z	0.96–1.07 = –0.11	–0.62–(–0.61) =–0.01
Alcohol_z	–0.76–(–0.80) = 0.04	0.49–0.46 = 0.03

10.5　如何使用 Python 执行 k 均值聚类

加载所需要的包。

```
import pandas as pd
from scipy import stats
from sklearn.cluster import KMeans
```

将 white_wine_training 数据集作为 wine_train 读入 Python 中。

```
wine_train = pd.read_csv("c/…/white_wine_training")
```

为了简单起见,让我们分离出自变量并将其保存为 X。

```
X = wine_train[['alcohol', 'sugar']]
```

一旦我们有了自变量,就可以使用 Z 得分变化对其进行标准化,并将结果保存为数据帧。

```
Xz = pd.DataFrame(stats.zscore(X), columns=['alcohol', 'sugar'])
```

如第 3 章所述,stats.zscore 命令将 X 中的变量转换为 Z 得分。我们使用 DataFrame() 命令将新的标准化变量保存为数据帧。可选的输入 columns 将使用给定的名称作为列名称。我们将结果保存为 Xz。

现在,我们在训练数据集上运行 k 均值聚类。

```
kmeans01 = KMeans(n_clusters = 2).fit(Xz)
```

KMeans()命令用于设置 *k* 均值算法的参数。在我们的例子中，输入 n_cluster = 2 指定我们需要两个簇。fit()命令在我们的数据上运行指定的 *k* 均值算法，输入 *Xz* 指出我们想要聚类的数据集。聚类的结果以 kmeans01 的名称保存。

为了调研聚类的结果，我们需要将簇成员保存为它自己的变量。

```
cluster = kmeans01.labels_
```

簇成员信息包含在之前保存的 kmeans01 结果的标签 labels_ 下。为了简单起见，我们将它保存为自己的对象 cluster。

一旦我们获得了簇成员信息，就可以根据簇成员身份将记录分为两组。

```
Cluster1 = Xz.loc[cluster == 0]
Cluster2 = Xz.loc[cluster == 1]
```

结果是两个数据集，一个用于簇 1 中的记录，另一个用于簇 2 中的记录。

最后，我们使用 describe()命令得到两个簇的汇总统计信息。

```
Cluster1.describe()
Cluster2.describe()
```

describe()命令打印每个簇中各变量的多种统计信息，如图 10.2 所示。图 10.2 中的平均值将复制到表 10.1 中。

若要验证聚类结果，请在测试数据中运行 *k* 均值聚类算法。其代码如下所示，类似于训练集样例。测试数据集的描述结果如图 10.3 所示，将其平均值复制到表 10.2 中。

```
wine_test = pd.read_csv("C:/.../white_wine_test")
X_test = wine_test[['alcohol', 'sugar']]
Xz_test = pd.Data Frame(stats.zscore(X_test),
columns=['alcohol', 'sugar'])
```

```
In [115]: Cluster1_test.describe()        In [116]: Cluster2_test.describe()
Out[115]:                                 Out[116]:
            alcohol_z       sugar_z                   alcohol_z       sugar_z
count    1122.000000   1122.000000        count     638.000000    638.000000
mean        0.456397     -0.605782        mean       -0.802630      1.065341
std         0.903287      0.459740        std         0.561207      0.779670
min        -1.675754     -1.089453        min        -2.080483     -1.037949
25%        -0.218729     -0.945241        25%        -1.190079      0.396441
50%         0.368129     -0.821632        50%        -0.947241      1.032518
75%         1.157351     -0.285988        75%        -0.542512      1.583612
max         2.776268      1.423949        max         1.562080      3.298700
```

图 10.3　基于测试数据集的簇 1(左侧)和簇 2(右侧)的 Python 描述结果

```
kmeans_test = KMeans(n_clusters = 2).fit(Xz_test)

cluster_test = kmeans_test.labels_ # Cluster membership

Cluster1_test = Xz_test.loc[cluster_test == 0]

Cluster2_test = Xz_test.loc[cluster_test == 1]

Cluster1_test.describe()

Cluster2_test.describe()
```

10.6　如何使用 R 执行 k 均值聚类

将 white_wine_training 数据集作为 wine_train 读取到 R 中，并将自变量分组到它们自己的矩阵中。

```
X <- subset(wine_train, select = c("alcohol", "sugar"))
```

subset()命令将从 wine_train 数据集中选择两个名为 alcohol 和 sugar 的变量，并将它们存储在自己的名称 X 下。

现在，我们标准化这两个自变量并将输出保存为数据帧。运行 kmeans()命令要求数据帧格式。

```
Xs <- as.data.frame(scale(X))
colnames(Xs) <- c("alcohol_z", "sugar_z")
```

scale()命令将 X 中的变量转换为它们各自的 Z 得分，而 as.data.frame 将结果保存为数据帧。结果保存为 Xs。我们使用 colnames()编辑列名，以强调变量现在已经标准化了。kmeans()命令包含在 R 的基础安装中。但是，如果你看到了一个错误指出 Could not find function 'kmeans'，请使用 install. packages("stats"); library(stats)安装并打开 stats 包。

运行 k 均值聚类算法。

```
kmeans01 <- kmeans(Xs, centers = 2)
```

该命令所需的输入是 Xs(数据帧)和 centers = 2，即算法将要寻求的分簇数量。请注意，我们将聚类算法输出保存为 kmeans01。

我们需要将每个记录的簇成员保存为它自己的变量。

```
cluster <- as.factor(kmeans01$cluster)
```

代码 kmeans01$cluster 将获得每个记录的簇成员。由于本例中有两个簇，因此 kmeans01$cluster 的值将为 1 或 2。命令 as.factor()将把这个数字字符串保存为一个因子变量。

现在让我们看看每个簇的描述性统计信息。首先，根据记录的隶属关系，我们将记录分为两组。

```
Cluster1 <- Xs[ which(cluster == 1), ]
Cluster2 <- Xs[ which(cluster == 2), ]
```

在逗号左侧的括号表示法中使用的 which()命令只选择簇成员为 1(对于 Cluster1)或 2(对于 Cluster2)的记录。然后，分别对每个组运行 summary()命令，并留意感兴趣的输出。

```
summary(Cluster1)
summary(Cluster2)
```

结果如图 10.4 所示。

```
> summary(Cluster1)                          > summary(Cluster2)
   alcohol_z           sugar_z                   alcohol_z           sugar_z
 Min.   :-1.5760    Min.   :-1.1225           Min.   :-1.8265    Min.   :-0.9085
 1st Qu.:-0.1568    1st Qu.:-0.9513           1st Qu.:-1.1586    1st Qu.: 0.3541
 Median : 0.4276    Median :-0.8443           Median :-0.9081    Median : 0.8676
 Mean   : 0.4902    Mean   :-0.6236           Mean   :-0.7552    Mean   : 0.9608
 3rd Qu.: 1.1790    3rd Qu.:-0.3521           3rd Qu.:-0.4072    3rd Qu.: 1.4882
 Max.   : 2.8904    Max.   : 1.4775           Max.   : 2.0138    Max.   : 5.5113
```

图 10.4　针对训练数据集的簇 1 和簇 2 的 R 描述

要验证聚类，输入 white_wine_test 数据集作为 wine_test 读入 R 中，并对酒精和糖变量进行分组。对测试数据集执行变量标准化和 k 均值聚类。对应的代码如下，结果如图 10.5 所示。

```
X_test <- subset(wine_test, select = c("alcohol", "sugar"))
Xs_test <- as.data.frame(scale(X_test))
colnames(Xs_test) <- c("alcohol_z", "sugar_z")
kmeans01_test <- kmeans(Xs_test, centers = 2)
cluster_test <- as.factor(kmeans01_test$cluster)
Cluster1_test <- Xs[ which(cluster_test == 1), ]
Cluster2_test <- Xs[ which(cluster_test == 2), ]
summary(Cluster1_test); summary(Cluster2_test)
```

```
> summary(Cluster1_test)            > summary(Cluster2_test)
   alcohol_z        sugar_z            alcohol_z        sugar_z
 Min.   :-1.8265  Min.   :-1.1011    Min.   :-1.7430  Min.   :-1.1225
 1st Qu.:-1.2421  1st Qu.:-0.7801    1st Qu.:-0.2403  1st Qu.:-0.9245
 Median :-0.9081  Median : 0.3327    Median : 0.3441  Median :-0.5019
 Mean   :-0.8267  Mean   : 0.3606    Mean   : 0.3697  Mean   :-0.1869
 3rd Qu.:-0.5742  3rd Qu.: 1.2100    3rd Qu.: 1.0120  3rd Qu.: 0.3327
 Max.   : 1.4294  Max.   : 5.5113    Max.   : 1.9303  Max.   : 3.5853
```

图 10.5　针对测试数据集的簇 1(左侧)和簇 2(右侧)的 R 描述

10.7　习题

概念辨析题

1. 使用簇间变化和簇内变化的概念解释聚类试图完成的任务。
2. 聚类试图寻求对哪些记录或变量进行分组？
3. 为什么在建模过程中很早就应用聚类是很有帮助的？
4. 判断题：k 均值聚类自动选择最佳聚类数。
5. 为什么我们忽略目标变量作为聚类算法的输入？
6. 解释我们如何继续执行聚类(簇)验证。
7. 为什么我们要在聚类之前标准化数值型自变量？
8. 哪一种方法可能是最重要的聚类验证方法？
9. 三个点(1, 5), (2, 4)和(3, 3)的质心是什么？
10. 提供一个在本章中未讨论过的日常生活中的聚类示例。

数据处理题

对于下面的练习，将使用 white_wine_training 和 white_wine_test 数据集，可以使用 Python 或 R 求解每个问题。

11. 输入和标准化训练数据集和测试数据集。

12. 使用两个簇，在训练数据集上运行 k 均值聚类。

13. 给出每个簇中各变量的平均值，并使用该均值识别"干葡萄酒"和"甜葡萄酒"簇。

14. 通过在测试数据集上运行 k 均值聚类，使用两个簇并识别一个"干葡萄酒"簇和一个"甜葡萄酒"簇来验证聚类的结果。

实践分析题

对于以下练习，请使用 cereals 数据集。使用 Python 或 R 求解每个问题。

15. 将 Fat 和 Sodium 变量分组到它们自己的数据帧 X 中。标准化数据集。

16. 在该数据集运行使用 3 个簇的 k 均值聚类。

17. 获取每个簇中各变量的摘要，并使用摘要识别：

    a. 低脂肪、低钠盐的簇。

    b. 低脂肪、高钠盐的簇。

    c. 高脂肪、高钠盐的簇。

对于以下练习，请使用 Framingham_training 和 Framingham_test 数据集。只使用 Sex 和 Age 字段，并标准化 Age。

18. 在 Framingham_training 数据集上运行 k 均值聚类，要求 $k=2$ 个簇。

19. 构建一个汇总你的分簇的统计信息表。描述这两个簇的具体组成。

20. 对 Framingham_test 数据集执行 k 均值聚类，要求 $k=2$ 个簇。

21. 报告测试集的结果。你的簇是否得到验证？

22. 再次在 Framingham_training 数据集上运行 k 均值聚类，这次指定 $k=3$ 个簇。

23. 构建一个汇总你的分簇的统计信息表。描述每个簇包含哪些记录。

24. 再次在 Framingham_test 数据集上运行 k 均值聚类，这次指定 $k=3$ 个簇。

25. 报告测试集的结果。你的簇是否得到验证？

26. 在 Framingham_training 数据集上运行 k 均值聚类，这次指定 $k=4$ 个簇。

27. 构建一个汇总四个簇信息的统计表，汇总四个集群。清晰地描述你的四个集群。

28. 在 Framingham_test 数据集上运行 k 均值聚类，这次指定 $k=4$ 个簇。

29. 报告测试集的结果。你的簇是否得到验证？

30. 你更喜欢哪种聚类解决方案，$k=2$、3 或 4 个簇，原因是什么？

第**11**章
回归建模

11.1 估计任务

到目前为止，在建模阶段我们已经完成了以下任务：

- 分类任务
- 聚类任务

还有两项任务需要完成：

- 估计任务
- 关联任务

在本章中，我们将说明估计任务；在后面的第 14 章中，我们将介绍关联任务。

执行估计任务最常用的方法是线性回归。简单线性回归用直线近似表示一个数值变量和一个连续的目标变量之间的关系。多元回归模型则使用一个 $p(p > 1)$ 维平面或超平面近似表示一组 p 个自变量与单个连续目标变量之间的关系。

11.2 回归建模描述

通常，多元回归模型是一种参数模型，由以下等式定义：

$$y = \beta_0 + \beta_1 x_1 + \beta_2 x_2 + \cdots + \beta_p x_p + \varepsilon$$

其中，x 代表自变量，β 代表未知的模型参数，这些参数的值是使用数据估计的。现在，使用样本数据估计模型参数代表了经典的统计推理。然而，第 1 章中概述的数据科学方法则采用交叉验证而非经典统计推理来验证模型结果。因此，在本书中，我们将绕过上面的参数回归方程，而采用基于以下回归方程的描述性回归建模方法：

$$\hat{y} = b_0 + b_1 x_1 + b_2 x_2 + \cdots + b_p x_p$$

在这个回归方程中，$\hat{y}$ 代表目标变量 y 的估计值，b 代表回归系数的已知值，x 代表自变量。

11.3　多元回归建模的应用

为了说明多元回归，我们使用 clothing_sales_training 和 clothing_sales_test 数据集。服装店客户有一些关于顾客花销的数据，如果给出如下三个自变量，服装店客户希望估计每次访问的销售额(Sales_per_Visit)：

- Days between purchases(两次购买之间的天数)，其中 Days 是连续的：两次购买之间的平均天数。
- Credit Card(信用卡)，CC 标志：客户有商店信用卡吗？
- Web Account(Web 账户)，Web 标志：客户是否有网站账户？

因此，我们临时给出的回归方程是：

$$\widehat{\text{Sales per Visit}} = b_0 + b_1(\text{Days between purchases}) + b_2(\text{Credit Card}) + b_3(\text{Web Account})$$

因为只有一个连续的自变量，所以没有必要对自变量进行标准化。图 11.1 显示基于训练数据集得到的有关 Sales per Visit 与三个自变量关系的回归结果。我们使用 p 值作为告诉我们模型应该包含哪些变量的一个指引。请注意，我们并没有像这样(常规的 p 值域)进行推理，因为我们会非常小心地使用测试数据集交叉验证这些结果。回归模型中保留变量的 p 临界值(截止值)通常约为 0.05，尽管该临界值在各个应用领域中有所不同。我们将 p 值低于临界值的变量保留在模型中。

从图 11.1 可以看出，p 值为 0.533 的 Web Account 不属于模型。图 11.2 中测试数据集的回归结果表明 Web Account 不属于该模型。因此，我们的回归方程简化为：

$$\widehat{\text{Sales per Visit}} = b_0 + b_1(\text{Days between purchases}) + b_2(\text{Credit Card})$$

```
=================================================================
              coef     std err        t       P>|t|     [0.025      0.975]
-----------------------------------------------------------------
const       73.3654      4.676     15.689     0.000     64.192      82.538
CC          21.8175      4.766      4.578     0.000     12.468      31.167
Days         0.1644      0.017      9.802     0.000      0.131       0.197
Web          7.2755     11.658      0.624     0.533    -15.593      30.144
=================================================================
```

图 11.1　针对训练数据集的 Python 回归结果

```
========================================================================
            coef      std err        t       P>|t|      [0.025      0.975]
------------------------------------------------------------------------
const     80.2877     4.000      20.071      0.000      72.441      88.135
CC        20.8955     4.170       5.011      0.000      12.716      29.075
Days       0.1261     0.014       9.120      0.000       0.099       0.153
Web       12.4811     9.054       1.378      0.168      -5.280      30.242
========================================================================
```

图 11.2　使用测试数据集的 Python 回归验证

因此，我们重新运行回归模型，这次从模型中略去了 Web Account。训练集和测试集的运行结果如图 11.3 和图 11.4 所示。利用训练集中的系数，我们得到最终的回归模型如下：

$$\text{Sales } \widehat{\text{per}} \text{ Visit} = 73.6209 + 0.1637(\text{Days between purchases})$$
$$+ 22.1357(\text{Credit Card})$$

```
========================================================================
            coef      std err        t       P>|t|      [0.025      0.975]
------------------------------------------------------------------------
const     73.6209     4.657      15.808      0.000      64.485      82.757
CC        22.1357     4.738       4.672      0.000      12.842      31.429
Days       0.1637     0.017       9.784      0.000       0.131       0.197
========================================================================
```

图 11.3　使用 Python 找到训练数据集的最终回归模型

```
========================================================================
            coef      std err        t       P>|t|      [0.025      0.975]
------------------------------------------------------------------------
const     80.7656     3.986      20.260      0.000      72.946      88.586
CC        21.5262     4.146       5.192      0.000      13.393      29.659
Days       0.1254     0.014       9.071      0.000       0.098       0.152
========================================================================
```

图 11.4　使用 Python 基于测试数据集验证的最终回归模型

也就是说，我们估计的顾客群每次访问的预计销售额为 73.6209 美元加上 0.1637 美元乘以购买间隔的天数，再加上 22.1357 美元(如果他们有商店信用卡)。我们看到，如果顾客有商店信用卡，他们会花更多的钱。而且，顾客两次访问之间的时间越长，顾客的消费倾向就越大。

下面简要解释一下这些回归系数：

- Credit Card。当 Days between purchases 保持不变，具有商店信用卡(与没有商店信用卡的客户相比)的一个顾客的 Sales per Visit 的增量是 22.1357 美元。
- Days between purchases。当 Credit Card 保持不变时，平均购买日每增加一天，Sales per Visit 的估计增量是 0.1637 美元。如果我们比较两个购物者(顾客 A 和顾客 B)，则可以更好地理解这一点，其中顾客 A 的购买间隔的平均天数比顾客 B

长一个月(30 天)。那么，当保持信用卡不变的情况下，顾客 A 的 Sales per Visit 比顾客 B 高出 30 × 0.1637 美元 ＝4.911 美元。

11.4　如何使用 Python 执行多重回归建模

首先，和往常一样，我们加载所需的包。

```python
import pandas as pd
import numpy as np
import statsmodels.api as sm
```

接下来，我们分别将 clothing_sales_training 和 clothing_sales_test 数据集作为 sales_train 和 sales_test 导入 Python 中。

```python
sales_train = pd.read_csv("C:/.../clothing_sales_
training.csv")
sales_test = pd.read_csv("C:/.../clothing_sales_test.csv")
```

为了简单起见，我们分离自变量和目标变量。我们称自变量的数据帧为 X，目标变量的数据帧为 y。

```python
X = pd.DataFrame(sales_train[['CC', 'Days', 'Web']])
y = pd.DataFrame(sales_train[['Sales per Visit']])
```

为了使我们的回归模型中有一个常数项 b_0，我们需要将一个常量添加到自变量中。

```python
X = sm.add_constant(X)
```

在 X 变量上运行 add_constant() 命令将会向数据帧中添加一个值为 1(1.0) 的列。最后，运行我们的多元回归模型。

```python
model01 = sm.OLS(y, X).fit()
```

OLS 代表"普通最小二乘法(Ordinary Least Squares)"，这是一种用来拟合回归模型

的方法。注意，OLS()命令的两个输入是目标变量 *y* 和自变量 *X*。将拟合的模型保存为
model01。若要获得回归模型的结果，请在 model01 上运行 summary()命令。

```
model01.summary()
```

summary()命令输出的一段摘录如图 11.1 所示。其中，回归系数位于 coef 列中。

为了验证回归模型结果，我们对 sales_test 数据集运行相同的代码。下面给出了代码，
代码的解释与本节前面给出的解释相同。

```
X_test = pd.DataFrame(sales_test[['CC', 'Days', 'Web']])
y_test = pd.DataFrame(sales_test[['Sales per Visit']])
X_test = sm.add_constant(X_test)
model01_test = sm.OLS(y_test, X_test).fit()
model01_test.summary()
```

在 model01 上运行的 summary()命令的结果摘录如图 11.2 所示。此结果验证了
model01 的结果。

为了从回归模型中删除变量 Web，我们重新定义了 *X* 数据帧只包括剩下的两个自变
量。这样做之后，我们还需要将一个常数项添加回自变量数据帧中。

```
X = pd.DataFrame(sales_train[['CC', 'Days']])
X = sm.add_constant(X)
```

一旦自变量数据帧准备就绪，我们再次对目标变量 *y* 和新的 *X* 数据帧运行 OLS()和
fit()命令。注意，我们没有更改 *y* 输入，因为只需要更改 *X* 输入。将新模型另存为 model02，
并在 model02 上运行 summary()命令以查看结果。

```
model02 = sm.OLS(y, X).fit()
model02.summary()
```

model02.summary()命令输出的一段摘录如图 11.3 所示。

为了验证这个较小的模型，我们对测试数据运行类似的代码。再一次，这些代码解
释与前面的例子类似。

```
X_test = pd.Data Frame(sales_test[['CC', 'Days']])
```

```
X_test = sm.add_constant(X_test)
model02_test = sm.OLS(y_test, X_test).fit()
model02_test.summary()
```

model02_test.summary()命令输出的一段摘录如图 11.4 所示。

11.5 如何使用 R 执行多重回归建模

将 clothing_sales_training 和 clothing_sales_test 数据集分别作为 sales_train 和 sales_test 读入 R 中。接下来，确保两个数据集中的二元变量是因子变量。

```
sales_train$CC <- as.factor(sales_train$CC)
sales_train$Web <- as.factor(sales_train$Web)
sales_test$CC <- as.factor(sales_test$CC)
sales_test$Web <- as.factor(sales_test$Web)
```

现在，对训练数据集运行完整的模型。

```
model01 <- lm(formula - Sales.per.Visit ~ Days + Web +
CC, data = sales_train)
```

请注意两个必需的输入：formula 和 data。输入 formula 采用了我们以前见过的相同的 Target~ Predictors 形式。data = sales_train 输入指定变量来自的数据集。我们将回归建模的结果保存在 model01 名称下。要查看该模型结果的摘要，请在 model01 上运行 summary()命令。

```
summary(model01)
```

summary(model01)命令产生的输出摘要如图 11.5 所示。

为了验证模型，更改数据输入来指定变量现在来自 sales_test 数据集。

```
model01_test < - lm(formula = Sales.per.Visit ~ Days +
Web + CC, data = sales_test)
```

要查看此新模型的回归摘要，请运行 summary(model01_test)。这个命令生成的输出的摘录如图 11.6 所示。

要从模型中删除变量，请从 lm()命令中波浪线右侧的一系列自变量中删除它们的名称。

```
Coefficients:
            Estimate Std. Error t value Pr(>|t|)
(Intercept) 73.36537    4.67621  15.689  < 2e-16 ***
Days         0.16438    0.01677   9.802  < 2e-16 ***
Web1         7.27550   11.65786   0.624    0.533
CC1         21.81750    4.76607   4.578  5.1e-06 ***
---
Signif. codes:  0 '***' 0.001 '**' 0.01 '*' 0.05 '.' 0.1 ' ' 1
```

图 11.5　R 中训练数据集的回归结果

```
Coefficients:
            Estimate Std. Error t value Pr(>|t|)
(Intercept) 80.28768    4.00016  20.071  < 2e-16 ***
Days         0.12610    0.01383   9.120  < 2e-16 ***
Web1        12.48109    9.05412   1.378    0.168
CC1         20.89548    4.16987   5.011 6.11e-07 ***
---
Signif. codes:  0 '***' 0.001 '**' 0.01 '*' 0.05 '.' 0.1 ' ' 1
```

图 11.6　R 中使用测试数据集验证回归结果

下面的代码给出了运行新模型并生成输出摘要的命令：

```
model02 <- lm(formula = Sales.per.Visit ~ Days + CC,
data = sales_train)
summary(model02)
model02_test <- lm(formula = Sales.per.Visit ~ Days +
CC, data = sales_test)
summary(model02_test)
```

请注意，summary(model02)和 summary(model02_test)生成的输出摘要分别显示在图 11.7 和图 11.8 中。

```
Coefficients:
            Estimate Std. Error t value Pr(>|t|)
(Intercept) 73.62090    4.65727  15.808  < 2e-16 ***
Days         0.16374    0.01674   9.784  < 2e-16 ***
CC1         22.13570    4.73772   4.672 3.26e-06 ***
---
Signif. codes:  0 '***' 0.001 '**' 0.01 '*' 0.05 '.' 0.1 ' ' 1
```

图 11.7　R 中使用训练数据集得到的最终回归结果

```
Coefficients:
             Estimate Std. Error t value Pr(>|t|)
(Intercept) 80.76564    3.98640  20.260  < 2e-16 ***
Days         0.12538    0.01382   9.071  < 2e-16 ***
CC1         21.52618    4.14603   5.192 2.39e-07 ***
---
Signif. codes:  0 '***' 0.001 '**' 0.01 '*' 0.05 '.' 0.1 ' ' 1
```

图 11.8　R 中使用测试数据集验证最终的回归结果

11.6　用于估计的模型评估

可以使用回归方程预测(估计)每次访问的销售额。举个例子，考虑测试数据集中的 Customer 1，它在两次购买之间度过了 333 天，并且没有商店信用卡(Credit Card=0)。将这些值代入回归方程，可以得到：

$$\widehat{\text{Sales per Visit}} = (73.62 + 0.1637 \times 333 + 22.14 \times 0)\text{美元} = 128.13 \text{美元}$$

也就是说，使用回归模型，我们估计该客户每次访问的平均销售额为 $\hat{y} = 128.13$ 美元。但是，该客户每次访问的实际销售额为 $y = 184.23$ 美元。因此，该客户的预测误差(残差)为：

$$\text{prediction error} = (y - \hat{y}) = (184.23 - 128.13)\text{美元} = 56.10\text{美元}$$

因此，基于顾客的访问时间间隔和信用卡状况，这个顾客的花费比预期的花费多 56.10 美元。

预测误差的典型数值定义为统计值 s，即估计的标准误差。

$$s = \sqrt{\text{MSE}} = \sqrt{\frac{\text{SSE}}{n-p-1}} = \sqrt{\frac{\sum(y-\hat{y})^2}{n-p-1}}$$

这里，$s = 87.54$ 美元，这意味着模型的典型预测误差值约为 87.54 美元，如图 11.9 所示。s 值之所以如此大，原因在于我们的数据是从一个非常大的数据集中节选的，后者包括几十个自变量，它们有助于使我们的模型估计更精确。然而，通常 s 是衡量回归模型有效性的一个非常重要的指标。

```
In [194]: np.sqrt(model02.scale)
Out[194]: 87.54136112817613
```

图 11.9　Python 中估计的标准差

在其推导过程中，s 对预测误差进行平方，从而可能使异常值对统计值的大小产生不适当的影响。因此，数据科学家应将 s 与平均绝对误差(Mean Absolute Error, MAE)进行比较，MAE 由下式表示：

$$\text{Mean Absolute Error} = \frac{\sum |y - \hat{y}|}{n}$$

MAE 计算 y 的实际值和预测值之间的距离，并找到这些距离的平均值。计算过程中没有出现任何平方运算。对于任何模型评估统计而言，我们都应该执行以下操作：

(1) 利用训练数据集建立回归模型。

(2) 通过将测试数据集送至训练数据集上训练得到的模型，计算得到 MAE。

对于训练数据集，我们得到 MAE=53.39 美元。

估计模型指标

当对估计模型进行评估时，要始终报告 s 和 MAE。

最后，得到的 R^2 是一个众所周知的回归指标。它被解释为模型中由自变量引起的响应中变化量的比例。对于多元回归模型，分析师应该使用 R_{adj}^2 而不是 R^2，因为后者在模型中使用了过多的无用自变量(预测因子)。我们的回归模型中 $R_{adj}^2 =0.064$，如图 11.10 所示。也就是说，Sales per Visit(每次访问销售额)变化量中的 6.4%是由 Days since purchase 和 Credit Card 自变量引起的。这一较小比例并不令人惊讶，因为还有许多其他因素都会影响顾客的消费。

```
                          OLS Regression Results
========================================================================
Dep. Variable:      Sales per Visit   R-squared:               0.065
Model:                          OLS   Adj. R-squared:          0.064
Method:               Least Squares   F-statistic:             50.72
Date:              Mon, 13 Aug 2018   Prob (F-statistic):      5.12e-22
Time:                      12:33:41   Log-Likelihood:          -8546.4
No. Observations:              1451   AIC:                     1.710e+04
Df Residuals:                  1448   BIC:                     1.711e+04
Df Model:                         2
Covariance Type:          nonrobust
```

图 11.10　使用 Python 得到的最终回归模型的 R_{adj}^2

11.6.1　如何使用 Python 进行估计模型评估

若要使用回归模型预测顾客每次访问的销售额，我们首先需要为 Python 回归模型的第一个顾客指定变量值。由于模型中变量的顺序是 Constant, CC, Days，这也是我们指定变量值的顺序。

```
cust01 = np.column_stack((1, 0, 333))
```

对于模型中的常数项，column_stack()命令中的第一个输入是 1，对应于模型中的常数项。

一旦构建了待考察的顾客，就在 cust01 上运行 predict()命令。因为我们使用 model02 中存储的结果预测销售额，所以我们使用了 model02.predict()。

```
model02.predict(cust01)
```

要获取测试数据集中所有顾客的预测值，请将 predict()命令的输入更改为测试数据自变量数据帧 X_test。

```
ypred = model02.predict(X_test)
```

结果是一列预测值，每个值对应于测试数据集中的每条记录。这些值将允许我们在本节后面计算 MAE。

Python 并不自动提供估计的标准误差，但是可以使用模型的尺度参数的平方根计算得到它。

```
np.sqrt(model02.scale)
```

为了计算 MAE，我们需要 y 的预测值和实际值。实际值是目标变量的值，为了清晰起见，在下面将其重命名为 ytrue。ypred 值取自上面的代码。

```
ytrue = sales_train[['Sales per Visit']]
met.mean_absolute_error(y_true = ytrue, y_pred = ypred)
```

代码的最终输出，即 MAE 的值约为 53.39。带有此结果的代码如图 11.11 所示。

```
In [191]: met.mean_absolute_error(y_true = ytrue, y_pred = ypred)
Out[191]: 53.38639553029432
```

图 11.11　Python 中的 MAE

若要获得 R^2_{adj} 的值，请查看前面的 Python 部分中演示的 summary()命令的输出，如图 11.10 所示。

11.6.2 如何使用 R 进行估计模型评估

为了使用我们的模型预测某个特定客户每次访问的销售额，我们构建了一个包含该顾客信息的数据帧。

```
cust01 <- data.frame(CC = as.factor(0), Days = 333)
```

命令 data.frame()将使用输入的内容创建一个数据帧。变量的名称必须与模型中自变量的名称完全匹配。因为信用卡变量是我们构建模型时的因素，所以在创建这个新的顾客时要确保它们是因子变量。将此新顾客数据保存为 cust01。请注意，我们没有包含目标变量。

```
predict(object = model02, newdata = cust01)
```

当我们使用 object = model02 和 newdata = cust01 运行 predict()命令时，输出是每次访问的预测销售额。

得到的估计的标准误差是 summary()命令生成的输出的一部分。图 11.12 显示了由 summary(model02)生成的输出的摘录。在这个输出中，重要的统计值 s 被称为"残余标准误差(Residual standard error)"，在图 11.12 中这个模型的 s 报告值为 87.54，此外还给出了 R_{adj}^2 的值，称为"调整后的 R 平方(Adjusted R-squared)"。

```
Residual standard error: 87.54 on 1448 degrees of freedom
Multiple R-squared:  0.06547,   Adjusted R-squared:  0.06418
F-statistic: 50.72 on 2 and 1448 DF,  p-value: < 2.2e-16
```

图 11.12　R 中的标准误差和调整的 R 平方

为了计算 MAE，需要使用训练数据模型计算测试数据集中所有记录的实际值和预测值。

```
X_test <- data.frame(Days = sales_test$Days, CC = sales_
test$CC)
ypred <- predict(object = model02, newdata = X_test)
ytrue <- sales_test$Sales.per.Visit
```

我们还需要安装和打开 MLmetrics 包。

```
install.packages("MLmetrics"); library(MLmetrics)
```

一旦打开该包，则可以计算 MAE。

```
MAE(y_pred = ypred, y_true = ytrue)
```

MAE()命令的两个输入是 y_pred 和 y_true。设置 y_pred = ypred，即从回归模型中获得的值；设置 y_true = ytrue，即训练数据集中的目标变量。运行这个命令的结果是得到 MAE，其代码和输出如图 11.13 所示。

```
> MAE(y_pred = ypred, y_true = ytrue)
[1] 53.3864
```

图 11.13　R 中的 MAE

11.7　逐步回归

在这个简单的例子中，我们只有三个自变量。但是，大多数数据科学项目都使用了几十个(即使不是数百个)自变量。因此，我们需要一种方法方便最佳回归模型的选择，这种方法称为逐步回归(stepwise regression)。在逐步回归中，从最有帮助的自变量开始，一次在模型中输入一个有用的自变量。由于多重共线性或其他影响，当输入多个有用的变量时，其中一个变量可能不再被视为有用变量，应予以删除。基于这种原因，逐步回归每次将一个最有用的自变量添加到模型中，然后检查它们是否仍都属于模型。最后，逐步回归算法再也找不到有用的自变量并收敛到最终模型。

逐步回归(未显示)在 clothing_sales_training 和 clothing_sales_test 数据集上的应用将收敛到最终的模型，分别如图 11.13 和图 11.14 所示。务必要知晓的是，逐步回归并不能保证可以发现最优模型，因为它的搜索算法有可能无法执行所有可能的回归。为了保证获得最佳模型，可以使用最佳子集回归(best subsets regression)，尽管软件可能会根据最佳子集算法限制自变量的数量。

```
Start:  AIC=12982.67
Sales.per.Visit ~ Days + Web + CC

         Df Sum of Sq       RSS   AIC
- Web     1      2986  11096733 12981
<none>               11093747 12983
- CC      1    160657  11254404 13002
- Days    1    736574  11830321 13074

Step:  AIC=12981.06
Sales.per.Visit ~ Days + CC

         Df Sum of Sq       RSS   AIC
<none>               11096733 12981
- CC      1    167291  11264025 13001
- Days    1    733593  11830326 13072
```

图 11.14　R 中逐步回归的输出

如何使用 R 执行逐步回归

要运行逐步回归，首先需要安装并打开 MASS 包。

```
install.packages("MASS"); library(MASS)
```

运行回归模型，包括考虑中的所有变量。以某个名称保存该模型。对于这个例子，我们将使用 model01，我们知道 model01 有一个不属于此模型的变量 Web。

一旦保存了该模型，现在是执行逐步回归的时候了。

```
model01_step <- stepAIC(object = model01)
```

stepAIC()命令将对指定的对象运行逐步回归。对于我们的示例，我们希望在 model01 上运行逐步回归。我们以 model01_step 的名称保存结果。

即使在此名称下保存 stepAIC()输出也会显示一些输出，如图 11.14 所示。输出显示了为了使模型收敛所采取的步骤。从输出的上半部分移动到下半部分表明逐步算法前进了一步。也就是说，它删除了变量 Web。

如果你单独运行 model01_step 这个名称，它将为你提供最终模型的回归系数。如果运行 summary(model01_step)，它将给出最终模型的完整摘要，它将与 summary(model02) 给出的输出相匹配，因为逐步收敛得到的最终模型是我们保存为 model02 的回归模型。

11.8　回归的基准模型

用于和回归模型进行比较的常用基准模型是简单的 $y = \bar{y}$ 模型。如果存在对估计响应有所帮助的任何变量，那么该模型将优于 $y = \bar{y}$ 模型。尽管如此，我们仍应正式验证我们的回归模型(或任何估计模型)优于 $y = \bar{y}$ 模型，如下所示[1]：

用于和估计模型进行比较的基准模型

(1) 计算基准模型产生的误差。这些误差呈现的形式是 $\mathrm{Error} = y - \bar{y}$。

(2) 计算基准模型的 MAE，如下所示：

$$\mathrm{MAE}_{\mathrm{Baseline}} = \frac{\sum |y - \bar{y}|}{n}$$

(3) 估计模型的 MAE 与 $\mathrm{MAE}_{\mathrm{Baseline}}$ 进行比较。

$$\mathrm{MAE}_{\mathrm{Regression}} = \frac{\sum |y - \bar{y}|}{n}$$

(4) 当满足如下条件时，估计模型优于基准模型：

$$\mathrm{MAE}_{\mathrm{Regression}} < \mathrm{MAE}_{\mathrm{Baseline}}$$

我们将基准模型比较过程应用于我们的最终回归模型(见图 11.3)，如下所示：

(1) 使用测试数据集提供的 $\bar{y} = 112.57$ 美元计算基准模型的误差。

(2) 计算得到 $\mathrm{MAE}_{\mathrm{Baseline}} = 55.53$ 美元。

(3) 通过将测试数据集传递给基于训练数据集开发的回归模型，将可以得到 $\mathrm{MAE}_{\mathrm{Regression}} = 53.39$ 美元。

(4) 由于 53.39 美元 $= \mathrm{MAE}_{\mathrm{Regression}} < \mathrm{MAE}_{\mathrm{Baseline}} = 55.53$ 美元，因此我们的回归模型确实优于基准模型。

11.9　习题

概念辨析题

1. 多重回归如何近似表示一组的两个自变量和单个数值目标之间的关系？

2. 解释我们在回归建模时如何回避经典的统计推理方法。

3. 解释为什么当只有一个连续的自变量且其他自变量是标志时，不需要对自变量进行标准化处理？

4. 判断题：我们使用 p 值作为确定模型中是否包含变量的指南，这意味着我们使用的是统计推理方法。如果回答是"否"，解释原因。

1　一些数据科学家可能倾向于比较 $\mathrm{MSE}_{\mathrm{Regression}}$ 和 $\mathrm{MSE}_{\mathrm{Baseline}}$。

5. 对于图 11.3 中的训练集结果，假设两个顾客都有一张商店信用卡，但顾客 A 的购物间隔比顾客 B 多 100 天。描述两个顾客每次访问的估计销售额的差异。

6. 对于图 11.3 中的训练集结果，假设两个顾客有相同的购买间隔天数，但顾客 C 有一个商店信用卡，而顾客 D 没有。描述两位顾客每次访问的估计销售额的差异。

7. 计算训练集中 Customer 2 的预测误差。

8. 计算测试数据集的 s。

9. 计算测试数据集的 MAE。

10. 判断题：逐步回归总能找到最佳的一组自变量。

数据处理题

对于下面的练习，将使用 clothing_sales_training 和 clothing_sales_test 数据集，可以使用 Python 或 R 求解每个问题。

11. 基于购买间隔的天数、信用卡和 Web 账户，使用训练集运行回归模型预测每次访问的销售额(Sales per Visit)。确定哪个自变量不应在模型中。

12. 通过使用测试数据集运行回归算法，验证上一个练习中得到的模型。

13. 如果有人说，"没有证据表明顾客每次访问的销售额(Sales per Visit)和顾客是否有商店信用卡之间有关系。"你应该怎么回答呢？

14. 假设有人说，"没有证据表明顾客每次访问的销售额与顾客是否有商店 Web 账户之间存在关系。"你会怎么回答呢？

15. 只使用发现对前一个回归模型有意义的变量，运行回归模型预测顾客每次访问的销售额。

16. 验证上一个练习得到的模型。

17. 基于回归方程完成这句话："估计的 Sales per Visit 等于……"

18. 计算并解释回归模型估计的标准误差。

19. 得到并解释 R_{adj}^2。

20. 计算并解释回归模型的 MAE，将其与标准误差进行比较。

21. 对练习 11 中的模型执行逐步回归。确认它收敛到练习 13 中的模型。

22. 计算 $MAE_{Baseline}$。

23. 计算 $MAE_{Regression}$。

24. 确定回归模型是否优于基准模型。

实践分析题

对于以下练习，请使用 adult 数据集。可以使用 Python 或 R 求解每个问题。

25. 将数据集划分为一个训练集和一个测试集，两个数据集均包含大约一半的记录。

26. 使用 Age 和 Education Num 运行回归模型来预测 Hours per Week(每周的小时数)。获得该模型的摘要。该模型中是否有不应该存在的自变量？

27. 验证上一个练习得到的模型。

28. 使用回归方程完成这句话："估计的 Hours per Week 等于……"

29. 解释 Age 变量的系数。

30. 解释 Education Num 变量的系数。

31. 找到并解释 s 的值。

32. 找到并解释 R^2_{adj}。

33. 得到 $MAE_{Baseline}$ 和 $MAE_{Regression}$，确定回归模型是否优于基线模型。

对于以下练习，请使用 bank_reg_training 和 bank_reg_test 数据集。可以使用 Python 或 R 求解每个问题。

34. 基于 Debt-to-Income Ratio(债务收入比)和 Request Amount(申请金额)，使用训练数据集运行回归模型来预测 Credit Score(信用评分)。获取该模型的摘要。这两个自变量都应属于模型吗？

35. 验证上一个练习中的模型。

36. 使用回归方程完成这句话："估计的 Credit Score 等于……"

37. 解释 Debt-to-Income Ratio 的系数。

38. 解释 Request Amount 的系数。

39. 找到并解释 s 的值。

40. 找到并解释 R^2_{adj}。加以评论(注释)。

41. 得到 $MAE_{Baseline}$ 和 $MAE_{Regression}$，确定回归模型是否优于基线模型。

42. 利用 Request Amount(请求金额)构建预测 Interest(利率)的回归模型。获取该模型的摘要。

43. 解释从上一个练习得到的结果有什么不寻常之处。

44. 构建一个 Interest(利率)相对于 Request Amount(请求金额)的散点图。描述变量之间的关系。解释基于这种关系如何理解你得到的回归模型的异常结果。

对于以下练习，请使用 Framingham_training 和 Framingham_test 数据集。重新表达 Sex，使其成为标志变量，如果为男性，其值为 0；如果为女性，其值为 1。使用 Python 或 R 求解每个问题。

45. 基于 Sex 和 Education，使用训练集运行一个回归模型来预测年龄。获取该模型的摘要。这两个自变量都属于该模型吗？

46. 验证上一个练习得到的模型。

47. 使用回归方程完成这句话："估计的 Age(年龄)等于……"

48. 解释 Sex 的系数。

49. 解释 Education 的系数。

50. 找到并解释 s 的值。

51. 找到并解释 R^2_{adj}。

52. 得到 $MAE_{Baseline}$ 和 $MAE_{Regression}$，确定回归模型是否优于基线模型。

对于以下练习，请使用 white_wine_training 和 white_wine_test 数据集。可以使用 Python 或 R 求解每个问题。

53. 基于 Alcohol 和 Sugar，使用训练集运行回归模型预测葡萄酒的 Quality(品质)。获取该模型的摘要。这两个自变量都属于模型吗？

54. 验证上一个练习得到的模型。

55. 使用回归方程完成这句话："估计的 Quality(品质)等于……"

56. 解释 Alcohol 的系数。

57. 解释 Sugar 的系数。

58. 找到并解释 s 的值。

59. 找到并解释 R^2_{adj}。

60. 得到 $MAE_{Baseline}$ 和 $MAE_{Regression}$，判定回归模型是否优于基线模型。

第**12**章
降　维

12.1　降维的必要性

数据科学中的高维度是指数据集中存在大量的自变量(预测因子)。例如，用 100 个自变量描述一个一百维的空间。那么，为什么我们在数据科学中需要(数据)降维呢？原因如下。

(1) 多重共线性。通常，大型数据库有许多预测因子(自变量)。所有这些预测因子都不相关几乎是不可能的。当预测因子之间存在显著相关性时，将出现多重共线性，这会导致不稳定的回归模型。

(2) 重复计数(计算)。包含高度相关的预测因子往往会过分强调模型的某个特定方面，即本质上重复计算这一方面。例如，假设我们试图用数学知识、身高和体重来估计儿童的年龄。由于高度和重量是相关的，因此相比于智力部分，模型实际上重复考虑了儿童的身体构成。

(3) 维数灾难。随着维度数量的增加，预测空间的规模呈指数增长，也就是说，比自变量本身数量的增长快得多。因此，即使很大的样本量对于高维空间也是稀疏的(sparse)。例如，经验法则指出，约 68%的正态分布数据位于平均值的一个标准偏差内。但是，这一规则适用于一维情况。对于十维空间，只有 2%的数据落在类似的超球体内。

(4) 违背简约。使用过多的预测因子也违反了简约原则，这是人们在科学的许多分支中都能看到的一个基本原则，即事物的行为往往是相当简洁的。在数据科学中，在比较模型时应考虑简单性(简约)，将预测因子的数量保持在易于解释的规模。

(5) 过度拟合。在模型中保留太多的预测因子往往会导致过度拟合，由于对于这么多自变量而言新的数据难以与训练数据的表现相同，从而阻碍发现普遍性规律。

(6) 缺乏全局考虑。 此外，分析师应将注意力放在全局，仅从变量层面进行分析可能会忽略预测因子之间关系背后的基本原理。相反，几个自变量可以很自然地归入涉及数据处理某个方面的一个组(一个因子或成分)。例如，储蓄账户余额、支票账户余额、房屋净值、股票投资组合价值和 401K 余额这些变量可能都可归属于单个组成部分，即资产。

总之，数据降维方法使用自变量之间的相关结构完成以下任务：

(1) 减少自变量项目的数量。

(2) 有助于确保这些自变量项目不相关。

(3) 提供一个用于解释结果的框架。

12.2　多重共线性

数据科学家需要防止多重共线性(multicollinearity)，这是一种自变量之间相互关联的情况。多重共线性会引起解空间的不稳定性，例如由于系数变化性过大而造成回归系数不可信。多重共线性对数据科学家来说是一种职业危害，因为许多数据集都有几十个(如果不是数百个)预测因子，并且其中一些自变量经常是相关的。

考虑图 12.1 和图 12.2。图 12.1 说明了自变量 x_1 和 x_2 之间不相关的一种情况，即它们是正交的或独立的。在这种情况下，自变量构成了响应面 y 可以稳定保持的一个坚实基础，从而确保了可靠的系数估计，即系数 b_1 和 b_2 各有很小的变异性。另一方面，图 12.2 说明了一种多重共线性情况，其中自变量 x_1 和 x_2 相互关联，因此当其中一个变量增加时，另一个变量也随之增加。在这种情况下，自变量无法构成响应面可以稳定保持的可靠基础。相反，当自变量相关时，响应面不再稳定，得到高度变化系数估计 b_1 和 b_2。

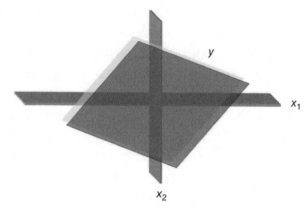

图 12.1　当自变量 x_1 和 x_2 不相关时，响应面 y 有可以稳定保持的坚实基础，提供了稳定的系数估计

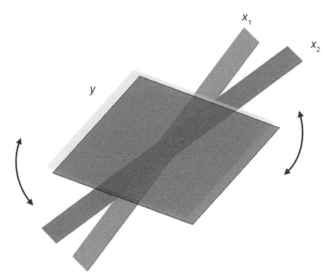

图 12.2　多重共线性：当自变量相关时，响应面不再稳定，导致不可靠且高度可变的系数估计

与估计值相关的高变异性意味着不同的样本可能会生成数值大幅变化的系数估计。例如，一个样本可能为 x_1 产生一个正系数估计，而第二个样本可能产生一个负系数估计。当分析任务要求单独解释响应和自变量之间的关系时，这种情况是不可接受的。

让我们看一个简单的例子，以帮助我们理解这个问题。考虑表 12.1 中的较小规模的群体。

显然，x_1 和 x_2 是相关的，并且 $r = 0.938$，p 值约为 0。

现在，分成两个样本，如表 12.2 和表 12.3 所示。

样本 1 的回归方程式为：

$$\hat{y} = -0.542 + 2.552x_1 - 0.206x_2$$

样本 2 的回归方程式为：

$$\hat{y} = -1.08 + 0.547x_1 + 1.759x_2$$

注意，x_2 的系数在样本 1 中为负，在样本 2 中则为正。

这表示回归系数中由自变量之间的相关性引起的不稳定行为。本质上，我们不能信任这些系数的值，甚至包括正负号。因此，为我们的客户解释回归系数很可能不是一个好主意。回归系数的值和符号可能会随样本的不同而变化，因此仅从一个样本求解回归系数可能会让你的客户付出巨大的代价。这正是我们要有方法能够应对这种多重共线性的原因。

表 12.1 我们的简单例子中的微小样本群

样本群		
x_1	x_2	目标, y
1	1	2.0693
1	2	2.6392
2	2	3.7501
2	3	5.6432
3	3	5.8925
3	4	6.4308
4	4	8.3950
4	5	8.4947
5	5	11.3236
5	5	10.1562

表 12.2 我们的简单样本群中的样本 1

样本 1		
x_1	x_2	目标, y
1	1	2.0693
2	2	3.7501
3	4	6.4308
4	5	8.4947
5	5	11.3236

表 12.3 我们的简单样本群中的样本 2

样本 2		
x_1	x_2	目标, y
1	2	2.6392
2	3	5.6432
3	3	5.8925
4	4	8.3950
5	5	10.1562

我们将使用 Cereals 数据集的一个子集，其中我们使用纤维、钾和糖的含量估计谷物类早餐的营养等级。我们的回归方程如下：

$$\widehat{\text{rating}} = b_0 + b_1 \cdot \text{fiber} + b_2 \cdot \text{potassium} + b_3 \cdot \text{sugars}$$

为了发现可能的多重共线性，分析者应该认真考察自变量之间的相关性结构。图 12.3 提供了自变量构成的矩阵图。显然，钾和纤维是正相关的。实际上，它们的相关系数是 $r = 0.912$(未显示)。这种强相关性会显著增大回归系数的可变性，使我们的回归模型变得不稳定。

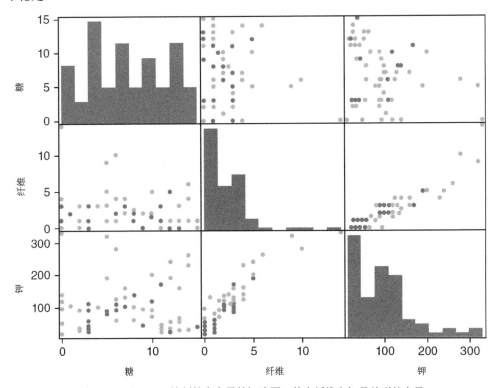

图 12.3 用 Python 绘制的自变量的矩阵图，其中纤维和钾是关联的变量

12.3 使用方差膨胀因子识别多重共线性

然而，假设我们没有检查自变量之间是否存在相关性，我们继续执行回归操作。是否可以通过某种方法从回归结果中发现我们的回归中存在多重共线性？答案是肯定的：可以要求计算方差膨胀因子(Variance Inflation Factor, VIF)。

第 i 个自变量的 VIF 由以下公式给出：

$$VIF_i = \frac{1}{1-R_i^2}$$

其中，R_i^2 代表对其他自变量进行 x_i 回归得到的 R^2 值。请注意，当与其他自变量高度相关时，R_i^2 将变得较大，导致 VIF_i 也很大。

一个用于解释 VIF 值的粗略经验法则是将 $VIF_i \geqslant 5$ 视为适中的多重共线性的指标，将 $VIF_i \geqslant 10$ 视为严重的多重共线性的指标。值为 5 的 VIF_i 对应于 $R_i^2 = 0.80$，而 $VIF_i = 10$ 对应于 $R_i^2 = 0.90$。

对于基于 fiber(纤维)、potassium(钾)和 sugar(糖)计算的 nutritional rating(营养等级)的回归，得到的输出如图 12.4 所示。纤维的 VIF 为 6.85，钾的 VIF 为 6.69，这两个值都指示存在中等到较强程度的多重共线性。

```
> vif(model03)
    Fiber    Potass    Sugars
 6.850050  6.693982  1.158761
```

图 12.4　R 中指示多重共线性问题的带有方差膨胀因子的回归结果

12.3.1　如何使用 Python 识别多重共线性

首先，我们加载所需的软件包，并以 cereals 名称在 Python 中读取 cereal 数据集。

```python
import pandas as pd
import statsmodels.api as sm
import statsmodels.stats.outliers_influence as inf
cereals = pd.read_csv("C:/.../cereals.csv")
```

一旦将数据集读入 Python 中，提取出三个自变量并将它们放入自己的数据帧中，将其称为数据帧 X。

```python
X = pd.Data Frame(cereals[['Sugars', 'Fiber', 'Potass']])
```

既然我们已经把自变量放在了一起，那么就使用 X 作为输入的 scatter_matrix()命令创建散点图矩阵。

```python
pd.plotting.scatter_matrix(X)
```

scatter_matrix()命令的结果如图 12.3 所示。请注意，该命令同时创建了散点图和柱状图。

为了获得 VIF 值，我们需要先进行一些数据清洗操作。在 *X* 数据帧上使用 dropna()命令删除所有含有缺失值的记录。

```
x = x.dropna()
```

然后，确保在 *X* 数据帧中添加常数项。

```
X = sm.add_constant(X)
```

最后，运行下面给出的 variance_inflation_factor()命令，以获得 *X* 数据帧中所有四列的 VIF 值：

```
[inf.variance_inflation_factor(X.values, i) for i in
range(X.shape[1])]
```

输出结果将包括我们添加的常数项的 VIF 值；忽略它。感兴趣的是三个自变量的 VIF 值，分别是由 variance_inflation_factor()命令输出的第二个、第三个和第四个数字。

12.3.2 如何使用 R 识别多重共线性

为了在 R 中构建一个散点图矩阵，我们首先需要确定数据集中哪些列包含我们的自变量。

```
names(cereals)
```

你可以看到 Sugars, Potass 和 Fiber 变量分别在第 10、8 和 11 列中。这些列就是你将放入图 12.5 中散点图矩阵中的列。

```
pairs(x = cereals[, c(10, 8, 11)], pch = 16)
```

散点图矩阵的命令是 pairs()，必需的输入为 *x*，它要求在散点图矩阵中包含所需的列。我们使用 cereals[, c(10, 8, 11)]指定这些列。可选的输入 pch=16 会将散点图的点从开口圆圈更改为闭合圆圈。

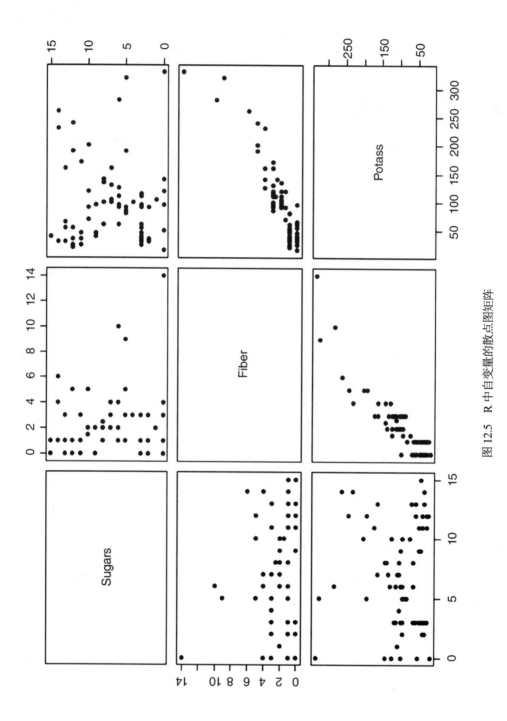

图 12.5 R 中自变量的散点图矩阵

若要计算 VIF 值，首先需要安装并打开 car 包。

```
install.packages("car"); library(car)
```

一旦打开了 car 包，我们构建要检查其系数的模型以识别多重共线性，并保存模型输出。

```
model03 <- lm(formula = Rating ~ Fiber + Potass +
Sugars, data = cereals)
```

最后，我们在模型上使用 vif()命令。

```
vif(model03)
```

vif()命令唯一需要的输入是我们保存模型使用的名称。如图 12.4 所示，输出是每个自变量的 VIF。

12.4　主成分分析

至此，我们已经识别了自变量之间的多重共线性，我们现在该做些什么呢？

一种解决方案是采用主成分分析(Principal Components Analysis, PCA)。主成分分析试图利用一组较小规模的自变量(称为成分)的不相关线性组合来考虑这组自变量的相关结构。通常而言，完整的一组 m 个自变量产生的总体变异性在很大程度上可由该组中较小数量的 $k(k < m)$ 个分量造成。这意味着 k 个分量中的信息量几乎与原始的 m 个变量中的信息量相同。此外，与原始的相关自变量不同，k 个分量之间互不相关。如果有必要，分析员可以用 $k < m$ 个分量替换原来的 m 个变量，这样工作数据集现在由 k 分量上的 n 个记录组成，而不是由原有 m 个变量上的 n 个记录组成。这就是数据降维！

分析人员应注意，PCA 仅作用于自变量而忽略了目标变量。此外，自变量应该是标准化的或归一化的。在数学上，主成分是自变量的不相关线性组合 Y_i，具有以下特点：

- 第一个主成分(主要分量)通常是最重要的。它在自变量中承担了比任何其他成分都更大的可变性。
- 第二个主成分对应了第二大的可变性，并与第一个主成分不相关。
- 第三个主成分承担第三大的可变性，它与前两个主成分不相关，以此类推。

12.5　主成分分析的应用

　　为了说明 PCA 的应用，我们使用 clothing_store_PCA_training 和 clothing_store_PCA_test 数据集。我们感兴趣的是通过使用 Purchase Visits, Days　on　File, Days between Purchases, Different Items Purchased 和 Days since Purchase 等变量来估计目标响应 Sales per Visit。然而，图 12.6 显示，这些自变量之间存在显著的相关性。此外，图 12.7 显示了 Sales per Visit 与自变量之间的回归关系，表明存在一些适度膨胀的 VIF 指标。

　　因此，可以在训练数据集上使用 varimax rotation(方差最大旋转)，对这些自变量执行主成分分析处理。

　　旋转 PCA 解有助于对组成分量进行解释。通过检查图 12.8 中旋转的分量，我们发现，如果我们只提取第一个主分量，则只考虑了所有自变量引起变化的 31.3%。如果我们提取两个主分量，可以考虑 52.2%的变化(参见图 12.8 中的 Cumulative Var(累积变化))，以此类推。因此，出现了一个问题，我们应该提取多少分量为宜呢？

```
                       Days.since.Purchase.Z Purchase.Visits.Z Days.on.File.Z
Days.since.Purchase.Z          1.000               -0.440           -0.159
Purchase.Visits.Z             -0.440                1.000            0.364
Days.on.File.Z                -0.159                0.364            1.000
Days.between.Purchases.Z       0.573               -0.453            0.203
Diff.Items.Purchased.Z        -0.379                0.821            0.303
                       Days.between.Purchases.Z Diff.Items.Purchased.Z
Days.since.Purchase.Z           0.573                   -0.379
Purchase.Visits.Z              -0.453                    0.821
Days.on.File.Z                  0.203                    0.303
Days.between.Purchases.Z        1.000                   -0.371
Diff.Items.Purchased.Z         -0.371                    1.000
```

图 12.6　R 中的关联矩阵显示了自变量之间存在显著的相关性

```
  Days.since.Purchase.Z        Purchase.Visits.Z          Days.on.File.Z
         1.701947                    3.793173                 1.536395
Days.between.Purchases.Z    Diff.Items.Purchased.Z
         2.145807                    3.076706
```

图 12.7　R 中的回归情况显示了存在一些适中到较大的 VIF

```
Loadings:
                         RC1    RC2    RC3    RC4    RC5
Days.since.Purchase.Z                  0.935
Purchase.Visits.Z        0.725                        0.573
Days.on.File.Z                  0.971
Days.between.Purchases.Z                      0.910
Diff.Items.Purchased.Z   0.965

                  RC1    RC2    RC3    RC4    RC5
SS loadings      1.566  1.045  1.035  1.006  0.348
Proportion Var   0.313  0.209  0.207  0.201  0.070
Cumulative Var   0.313  0.522  0.729  0.930  1.000
```

图 12.8　R 中 PCA 结果的摘录

12.6　我们应该提取多少分量

回想一下，PCA 的目的之一是减少维度。但问题是，"我们应如何确定要提取多少分量？"例如，我们是否应该只保留前两个主要成分，因为它们承担了总变异性的一半以上(52%的 Cumulative Var)？或者我们是否应该保留所有这五个分量，因为它们解释了100%的可变性？很明显，保留所有五个分量并不能帮助我们降低维度。和常识一致，答案就在这两个极端的选择之间。

12.6.1　特征值准则

在图 12.8 中，特征值被标记为 SS loadings。特征值为 1.0 意味着该分量大约解释了总变异性的"一个自变量考虑的份额"。使用特征值准则的原理是，每个分量至少应解释一个自变量的变异性份额，因此，特征值准则规定，只有特征值大于 1 的分量才应被保留。注意，如果自变量少于 20 个，特征值准则倾向于推荐提取过少的分量，而如果自变量超过 50 个，该准则又可能建议提取过多的分量。

从图 12.9 中，我们看到四个旋转的分量的特征值大于 1，因此被保留。分量 5 旋转的特征值远低于 1.0，因此我们不能包括分量 5。因此，特征值准则建议我们提取 $k = 4$ 个主分量。

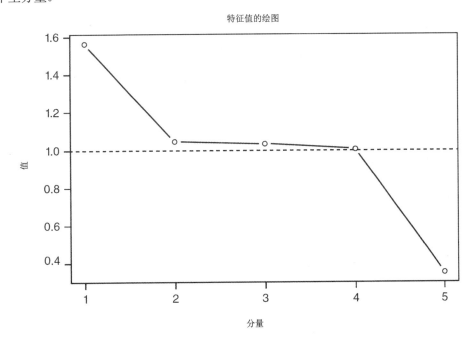

图 12.9　R 中特征值的绘图，点画线表示特征值为 1

12.6.2　方差解释比例的准则

对于方差解释(贡献)比例标准，客户或分析师首先指定他希望主要成分可解释的总方差的比例。然后，分析师只需要简单地逐个地选择主分量，直到所选的所有这些分量可解释(贡献)的总变异性比例达到期望的要求。例如，假设我们希望我们的主分量能够解释自变量中大约 70% 的可变性。那么在图 12.8 中，我们将选择分量 1~分量 3，它们共同解释了 72.9% 的变异性。另一方面，如果我们希望的分量能够解释 90% 的可变性，那么还需要包括分量 4，它与前三个分量一起可解释 93% 的可变性。如果没有来自客户的更多的输入信息，可以这样说，方差解释比例标准建议我们选择使用 $k = 3$ 或 $k = 4$ 个分量。

由于特征值准则建议 $k = 4$ 个分量，而方差解释比例标准使用 $k = 3$ 或 $k = 4$ 个分量都可以，因此按照一致性标准，我们决定提取 $k = 4$ 个分量。

12.7　执行 $k = 4$ 的 PCA

图 12.10 显示了提取三个分量得到的未旋转的(结果 1)和旋转后的分量矩阵。让我们首先查看图 12.10(b) 中的旋转矩阵。请注意，权重小于 0.5 的分量已被忽略以增强可解读性。第一个主成分(旋转分量 1，简称 RC1)是 Different Items Purchased 和 Purchase Visits 自变量的组合，它们是相互正相关的原因在于它们的分量权重有相同的符号。实际上，分量可以包含相互正相关或负相关的自变量的组合。如果只有其中一个分量的权重为负，那么这就意味着 Different Items Purchased 和 Purchase Visits 两者是负相关的。剩下的主分量都是"单项的"，每个分量都只包含一个自变量。

现在，假设我们没有旋转分量矩阵，最终得到如图 12.10(a) 所示的未旋转的分量矩阵。请注意，图中主成分的解释还不够清晰。分量 1 所占权重过大，包含五个自变量中的四个，正相关和负相关两者混合在一起。相比而言，旋转分量矩阵的解释更为清晰。

```
Loadings:
                          PC1     PC2     PC3     PC4
Days.since.Purchase      -0.718           0.569
Purchase.Visits          0.898
Days.on.File                             0.825
Days.between.Purchases   -0.662  0.647
Diff.Items.Purchased     0.849


Loadings:
                          RC1     RC2     RC3     RC4
Days.since.Purchase                      0.933
Purchase.Visits          0.862
Days.on.File                     0.965
Days.between.Purchases                           0.898
Diff.Items.Purchased     0.948
```

图 12.10　(a) R 中没有旋转的分量权重　(b) R 中执行方差最大旋转的分量权重

12.8　主成分分析的验证

与其他数据科学方法一样，应使用测试数据集验证 PCA 的结果。图 12.11 显示了所有五个分量可解释的方差比例，可以看出百分比值与图 12.8 中训练集的结果相比没有太大的差异。图 12.12 中现实的测试数据集得到的第四个旋转分量类似于图 12.10(b) 中训练数据集得到的结果。

```
                   RC1    RC2    RC3    RC4    RC5
SS loadings        1.805  1.035  1.033  0.993  0.134
Proportion Var     0.361  0.207  0.207  0.199  0.027
Cumulative Var     0.361  0.568  0.775  0.973  1.000
```

图 12.11　R 中针对测试数据集的方差解释比例

```
Loadings:
                          RC1     RC2     RC3     RC4
Days.since.Purchase                      0.932
Purchase.Visits          0.891
Days.on.File                     0.965
Days.between.Purchases                           0.901
Diff.Items.Purchased     0.944
```

图 12.12　R 中针对测试数据集的分量权重

那么，PCA 是否缓解了我们面临的多重共线性问题？可以通过以下内容进行检查：

(1) 四个分量之间的相关性。

(2) 对各分量上的响应进行回归得到的自变量 VIF。

主要分量的相关矩阵如图 12.13 所示。所有分量的相关性都为零，这意味着各分量是不相关的。最后，我们得到用四个提取的主成分分量代替原始的自变量对 Sales per Visit 进行回归后得到的 VIF。图 12.14 所示的这些 VIF 结果表明，所有 VIF 均等于最小值 1。

```
> round(cor(pca02_rot$scores),2)
    RC1 RC2 RC3 RC4
RC1   1   0   0   0
RC2   0   1   0   0
RC3   0   0   1   0
RC4   0   0   0   1
```

图 12.13　R 中的输出显示主分量是不相关的

```
> vif(model.pca)
PC1 PC2 PC3 PC4
  1   1   1   1
```

图 12.14　R 中的输出显示使用了主要分量的回归消除了多重共线性

12.9　如何使用 Python 进行主成分分析

加载所需的软件包。

```
import pandas as pd
import numpy as np
from sklearn.preprocessing import StandardScaler
from sklearn.decomposition import PCA
```

将两个数据集 clothing_store_PCA_training 和 clothing_store_PCA_test 作为 clothes_train 和 clothes_test 读入 Python 中。

```
clothes_train = pd.read_csv("C:/.../clothing_store_PCA_training")
clothes_test = pd.read_csv("C:/.../clothing_store_PCA_test")
```

使用 drop()命令将自变量与训练数据集的其余部分相分离。请注意，我们不考虑目标变量 Sales per Visit，因此留给我们的只剩下自变量。这种方法特别适合当感兴趣的目标变量和自变量是你拥有的数据中仅有的变量时的情况。将自变量保存为 X。

```
X = clothes_train.drop('Sales per Visit', 1)
```

使用 corr()命令获取 X 变量的相关矩阵。

```
X.corr()
```

corr()命令的输出结果如图 12.15 所示。

	Days since Purchase	Purchase Visits	Days on File
Days since Purchase	1.000000	-0.439821	-0.158718
Purchase Visits	-0.439821	1.000000	0.363729
Days on File	-0.158718	0.363729	1.000000
Days between Purchases	0.573090	-0.453024	0.202890
Diff Items Purchased	-0.378658	0.821257	0.302624

	Days between Purchases	Diff Items Purchased
Days since Purchase	0.573090	-0.378658
Purchase Visits	-0.453024	0.821257
Days on File	0.202890	0.302624
Days between Purchases	1.000000	-0.371018
Diff Items Purchased	-0.371018	1.000000

图 12.15　Python 中的相关矩阵

现在，运行包含五个分量的 PCA。首先，我们在 PCA()命令中使用 n_components 指定使用的分量数，然后使用将 X 作为输入的 fit_transform()命令对数据执行 PCA 拟合。

```
pca01 = PCA(n_components=5)
principComp = pca01.fit_transform(X)
```

PCA 运行完毕后，我们的下一个任务就是查看每个分量可解释的变异性的比例和相应可解释的累积变异性。我们使用 pca01 对象及 explained_variance_ratio_ 获得每个分量可解释的变异性。

```
pca01.explained_variance_ratio_
```

通过在 pca01.explained_variance_ratio_ 上运行 cumsum()命令，可以获得可解释的累积变异性。

```
np.cumsum(pca01.explained_variance_ratio_)
```

本节中的结果针对的是原始的未旋转的分量。在撰写本书时，Python 的 sklearn 包还没有提供"开箱即用"的命令对主成分分量执行方差最大(varimax)旋转。

12.10　如何使用 R 进行主成分分析

分别将 clothing_store_PCA_training 和 clothing_store_PCA_test 数据集作为 clothes_train 和 clothes_test 读入 R 中。为了简化后面的代码，我们将训练和测试数据分离为 X 和 y 变量。

```
y <- clothes_train$Sales.per.Visit
X <- clothes_train[, c(1:5)]
X_test <- clothes_test[, c(1:5)]
```

记住要标准化自变量。

```
X_z <- as.data.frame(scale(X))
colnames(X_z) <- c("Days.since.Purchase.Z", "Purchase.
Visits.Z", "Days.on.File.Z",
    "Days.between.Purchases.Z", "Diff.Items.Purchased.Z")
```

为了获得相关矩阵，我们使用 cor()命令。

```
round(cor(X_z), 3)
```

cor()命令以自变量 X_z 作为输入，并将该命令放置在 round()命令中。round()命令的第二个输入是结果将四舍五入到的有效数字位数。在我们的例子中，我们指定了三个有效数字。round()命令的输出结果如图 12.6 所示。

若要获得 VIF 值，我们需要首先运行回归模型，然后使用之前的 R 部分中详细介绍过的 car 包中的 vif()命令。

```
model01 <- lm(formula = y ~ Days.since.Purchase.Z +
Purchase.Visits.Z + Days.on.File.Z +
    Days.between.Purchases.Z + Diff.Items.Purchased.Z,
data = X_z)
vif(model01)
```

vif()命令的输出如图 12.7 所示。

要运行 PCA，必须首先安装并打开 psych 包。

```
install.packages("psych"); library(psych)
```

打开包后，使用 principal()命令执行 PCA。

```
pca01 <- principal(r = X_z, rotate = "varimax", nfactors = 5)
```

我们使用的 principal()命令有三个输入值。输入 r = X_z 指定我们要分析的变量。rotate ="varimax" 输入告诉 R 在显示结果之前对主成分分量执行 varimax 旋转。最后，nfactors = 5 输入指明我们需要五个分量。我们将 PCA 输出保存为 pca01。

我们希望加载 pca01 的结果。

```
print(pca01$loadings, cutoff = 0.49)
```

我们使用 cutoff = 0.49 抑制较小的 PCA 权重。上述代码生成的输出如图 12.8 所示。

为了绘制特征值图，我们需要旋转分量的特征值，它们位于图 12.8 中的 SS loadings 下。将这些值保存为它们自己的向量后，可以使用 plot()命令绘制它们。

```
ss.load <- c(1.566, 1.045, 1.035, 1.006, 0.348)
plot(ss.load, type = "b", main = "Plot of Eigenvalues",
ylab = "Value",
        xlab = "Component"); abline(h = 1, lty =2)
```

输入 type = "b"使用点和连接线绘制特征值图。输入 main、xlab 和 ylab 自定义标题和轴标签。abline()命令向绘图中添加一条线，该命令的输入值 h = 1 指明添加水平位置为 1 的线，输入 lty = 2 指定线为虚线。得到的结果如图 12.9 所示。

若要比较无旋转的结果与方差最大旋转的结果，请运行使用 rotate = "none" 的 principal()命令来得到无旋转的结果，请运行 rotate = "varimax" 的 principal()命令来得到方差最大旋转的结果。

```
pca02_norot <- principal(r = X, rotate = "none",
nfactors = 4)
print(pca02_norot$loadings, cutoff = 0.5)
```

```
pca02_rot <- principal(r = X, rotate = "varimax",
nfactors = 4)
print(pca02_rot$loadings, cutoff = 0.5)
```

图 12.10(a)显示了 pca02_norot$loadings 的 print()输出结果的摘录，图 12.10(b)显示了 pca02_rot$loadings 的 print()输出结果的摘录。请注意，这两个命令都使用 cutoff = 0.5 来抑制低于 0.5 的权重。

为了验证 PCA 结果，请对测试数据运行算法。首先，要标准化数据。

```
X_test_z <- scale(X_test)
```

然后，确认推荐使用了四个分量。

```
pca02_test <- principal(r = X_test_z, rotate =
"varimax", nfactors = 5)
pca02_test$loadings
```

输出的摘录如图 12.11 所示。确认推荐使用了四个分量后，请查看分量的权重。

```
pca02_test <- principal(r = X_test_z, rotate =
"varimax", nfactors = 4)
print(pca02_test$loadings, cutoff = 0.5)
```

输出结果的摘录如图 12.12 所示。

为了获得训练数据集中分量的相关性，请对 pca02_rot 的分值运行 round(cor())命令。

```
round(cor(pca02_rot$scores),2)
```

在这种情况下，我们四舍五入到两个有效数字。结果如图 12.13 所示。

要在主成分分量上对目标变量执行回归，你可能需要将每个分量保存为它自己的变量，如下所示。

```
PC1 <- pca02_rot$scores[,1]; PC2 <- pca02_rot$scores[,2]
PC3 <- pca02_rot$scores[,3]; PC4 <- pca02_rot$scores[,4]
```

现在你可以运行回归模型并获得 VIF，代码如下所示。

```
model.pca <- lm(y ~ PC1 + PC2 + PC3 + PC4); vif(model.pca)
```

vif()命令的输出如图 12.14 所示。

12.11 何时多重共线性不是问题

现在，根据分析师面临的任务，多重共线性实际上有可能不会带来致命的缺陷。Weiss[1]指出，多重共线性"不会对样本回归方程预测响应变量的能力产生明显不利影响。"他补充说，多重共线性不会显著影响目标变量的点估计、平均响应值的置信区间，或随机选择的响应值的预测间隔。然而，数据科学家为此必须严格限制多重共线性模型的使用来估计和预测目标变量。在存在多重共线性的情况下单独的回归系数可能没有意义，因此对该模型的解释将是不合适的。总而言之，不考虑多重共线性的模型也可用于估计，但一般不用于描述或解释。

12.12 习题

概念辨析题

1. 在数据科学中我们所说的高维度是什么意思？
2. 为什么我们需要数据降维方法？
3. 主成分用什么代替原始的 m 个自变量的集合？
4. 哪一个主要分量承担最大比例的变异性？
5. 其他哪些主分量与第一个主分量相关？
6. 为什么要使用旋转？
7. 请解释特征值准则？
8. 什么是方差解释比例标准？
9. 判断题：不需要对主成分分量进行验证。
10. 当我们在回归模型中使用主成分分量作为自变量时，VIF 取什么值？这意味着什么？

---

1 Weiss, *Introductory Statistics*, Ninth Edition, Pearson, London, 2010.

数据处理题

对于下面的练习，将使用 clothing_store_PCA_training 和 clothing_store_PCA_test 数据集，可以使用 Python 或 R 求解每个问题。

11. 标准化或归一化自变量。

12. 为自变量 Purchase Visits, Days on File, Days between Purchases, Different Items Purchased 和 Days since Purchase 构建相关矩阵。哪些变量是高度相关的？

13. 计算每个自变量的 VIF。哪些自变量的 VIF 表明多重共线性是一个问题？

14. 使用 varimax(方差最大)旋转和五个分量运行 PCA。一个主分量可解释的变异性(可变性)的百分比是多少？两个分量呢？所有五个分量呢？

15. 画出特征值图。使用特征值准则，你将保留多少分量？

16. 假设我们要解释至少 80%的变异性。你将保留多少分量？

17. 使用 varimax 旋转和四个分量运行 PCA。这四个分量解释的变异性的百分比是多少？

18. 每个分量中包含哪些变量？

19. 在回归模型中，使用这四个分量作为自变量估计 Sales per Visit。这四个分量的回归系数是多少？

20. 回归模型中四个分量的 VIF 是多少？

实践分析题

对于以下练习，请使用 cereals 数据集。可以使用 Python 或 R 求解每个问题。

21. 标准化或归一化自变量 Sugars, Fiber 和 Potass。

22. 构建 Sugars, Fiber 和 Potass 的相关矩阵。哪些变量是高度相关的？

23. 建立一个回归模型，基于 Sugars, Fiber 和 Potass 估计 Rating(等级)。从模型中获取 VIF。哪些 VIF 表明多重共线性是一个问题？

24. 使用 varimax 旋转和三个分量来运行 PCA。一个分量解释了变异性的百分比是多少？两个分量呢？所有这三个分量呢？

25. 画出三个分量的特征值。使用特征值准则，你将保留多少分量？

26. 假设我们要解释至少 70%的变异性。你将保留多少分量？

27. 使用 varimax 旋转和两个分量运行 PCA。这两个分量解释的可变性百分比是多少？

28. 分量 1 中包含哪些变量？分量 2 中包含哪些变量？

29. 在回归模型中，使用这两个分量作为自变量来估计等级。这两个分量的回归系数是多少？

30. 回归模型中两个分量的 VIF 是多少？

对于以下练习，请使用 red_wine_PCA_training 和 red_wine_PCA_test 数据集。使用

Python 或 R 解决每个问题。目标变量是葡萄酒品质(quality)，自变量包括 alcohol, residual sugar, pH, density 和 fixed acidity。

31. 使自变量标准化或归一化。

32. 构造自变量的相关矩阵。你在哪些自变量之间找到了最高的相关性？

33. 建立基于自变量的回归模型估计葡萄酒品质。从模型中获取 VIF。哪些 VIF 表明多重共线性是一个问题？将高 VIF 的变量与之前练习中的相关变量进行比较。

34. 使用 varimax 旋转执行 PCA。显示提取最多五个分量可解释的旋转方差的比例。一个分量解释了变异性的百分比是多少？两个分量呢？三个分量呢？四个分量呢？所有五个分量呢？

35. 假设我们要解释至少 90% 的变异性。方差比例解释标准建议我们提取多少个分量？

36. 绘制五个分量的特征值图。根据特征值准则，我们应该提取多少个分量？

37. 将这两个标准中的推荐标准结合起来并达成一致意见，那么应该提取多少个分量？

38. 剖析每个分量，首先说明包含哪些变量，并注意它们在分量内的相关性(正相关或负相关)。为了简单起见，只考虑权重大于 0.5 分量。

39. 生成分量的相关矩阵。矩阵中的这些值是什么意思？

40. 接下来，使用回归模型仅使用提取的分量(不要包括原始的自变量)估计葡萄酒品质。

    a. 比较 PCA 回归与原回归模型的 s 和 R^2_{adj} 值。

    b. 解释为什么原始模型略优于 PCA 模型。

    c. 解释如何可以认为 PCA 模型是优越的，即使只是稍微优于原始模型？

41. 在上一个练习的回归中，回归模型中两个分量的 VIF 是什么？这些值是什么意思？

第13章

广义线性模型

13.1 广义线性模型概述

在第 11 章中，我们研究的每种线性回归模型都有一个连续的响应变量。但是，如果我们想为二元响应变量或数值离散响应变量构建一个回归模型，将会出现什么情况？幸运的是，有一类线性模型可以包括所有三种情况——连续的、数值离散型和二元的回归响应变量，这就是广义线性模型(General Linear Model, GLM)。

为了解释针对三种不同响应的回归是如何关联的，我们将会再简单查看以下每种情况下的参数回归方程。一旦我们确定了它们之间的关系，我们将使用它们的描述性版本，就如我们在第 11 章中所做的那样。

回想一下这里给出的多元回归的参数模型。

$$y = \beta_0 + \beta_1 x_1 + \beta_2 x_2 + \cdots + \beta_p x_p + \varepsilon$$

上式的和 $\beta_0 + \beta_1 x_1 + \beta_2 x_2 + \cdots + \beta_p x_p$ 称为线性的预测因子(linear predictor)。为了简化表示，我们将此线性预测因子(或线性自变量)写成 $X\beta$。在给定一组自变量值的情况下，我们将线性的自变量 $X\beta$ 与 y 变量的均值 μ 相连接的公式称为链接函数或联系函数 $g(\mu)$。

不同的链接函数支持不同的回归模型，每个链接函数都与特定的响应类型相关联。对于我们讨论的每种不同的响应类型，我们将指定一个特定的 $g(\mu)$，使得 $X\beta = g(\mu)$，并求解 μ 以获得模型的最终形式。

我们首先通过展示线性回归如何被表示为 GLM 来演示 GLM 是如何工作的。然后，我们说明两种新的回归模型：逻辑回归和泊松回归。

13.2　线性回归是一种广义线性模型

当响应变量在每一组给定的自变量值上具有正态μ分布时，我们又回到了线性回归的范畴。在这种情况下，链接函数仅作为标识函数，即

$$g(\mu) = \mu$$

使用该标识链接将 $X\beta$ 设置为等于 $g(\mu)$，可以得到 $X\beta=g(\mu)=\mu$。

一旦我们知道了 $X\beta$ 和μ之间的函数关系，可以通过扩展缩写的标记，重新整理获得回归模型的最终形式。这样操作可以得到线性回归的种群方程：

$$y = \beta_0 + \beta_1 x_1 + \beta_2 x_2 + \cdots + \beta_p x_p + \varepsilon$$

根据上式，我们还可以获得其描述性形式：

$$\hat{y} = b_0 + b_1 x_1 + b_2 x_2 + \cdots + b_p x_p$$

我们在第 11 章使用过该等式。

13.3　作为广义线性模型的逻辑回归

接下来，假设我们试图预测一个二元响应，如顾客是否有商店信用卡。在这种情况下，响应变量的分布将是二元的：1 或 0，表示是(Yes)或否(No)。

二元响应变量的链接函数是 $g(\mu) = \ln\left(\dfrac{\mu}{1-\mu}\right)$。我们将该函数设置为等于线性预测

因子 $X\beta$，从而得到：

$$X\beta = \ln\left(\frac{\mu}{1-\mu}\right)$$

为了隔离μ，我们使用事实 $e^{\ln(x)} = x$，可以得到：

$$\mu = \frac{e^{X\beta}}{1+e^{X\beta}}$$

上述公式确保响应变量的平均值μ始终介于 0 和 1 之间。换句话说，回归模型的值可以用来估计 $y=1$ 的概率。

为了阐明逻辑回归的预测值是概率值而不是二元数值，我们把回归模型写成预测的 $p(y)$，即 $y=1$ 的概率。如果我们展开前面的缩略表示法，可以得到模型的参数形式：

$$p(y) = \frac{\exp\left(\beta_0 + \beta_1 x_1 + \beta_2 x_2 + \cdots + \beta_p x_p\right)}{1 + \exp\left(\beta_0 + \beta_1 x_1 + \beta_2 x_2 + \cdots + \beta_p x_p\right)} + \varepsilon$$

并且可以写出其描述性形式:

$$\hat{p}(y) = \frac{\exp\left(b_0 + b_1 x_1 + b_2 x_2 + \cdots + b_p x_p\right)}{1 + \exp\left(b_0 + b_1 x_1 + b_2 x_2 + \cdots + b_p x_p\right)}$$

13.4 逻辑回归模型的应用

让我们再次使用 clothing_sales_training 和 clothing_sales_test 数据集。这一次,我们的目标是确定顾客是否有商店信用卡,这样我们的营销团队就可以向非持卡人发送广告,劝导他们注册得到一张信用卡。在这个例子中,我们的响应变量是二元的:Yes(是)表明顾客有一张信用卡;或 No(否)表示顾客没有信用卡。由于响应变量也是二元的,因此我们将使用逻辑回归。

我们提供的逻辑回归模型如下:

$$\hat{p}(\text{credit card}) = \frac{\exp\left(b_0 + b_1\left(\text{Days between Purchases}\right) + b_2\left(\text{Web Account}\right)\right)}{1 + \exp\left(b_0 + b_1\left(\text{Days between Purchases}\right) + b_2\left(\text{Web Account}\right)\right)}$$

基于两个自变量的信用卡回归的结果如图 13.1 所示。输出中显示的 p 值表明这两个变量都属于模型。当我们使用测试数据集对此结果交叉验证时,我们得到图 13.2 所示的结果。

测试模型确认两个变量都属于该模型。利用训练数据集得到的回归系数,我们得到最终的逻辑回归模型,如下所示:

$$\hat{p}(\text{credit card}) = \frac{\exp\left(0.496 - 0.004\left(\text{Days between Purchases}\right) + 1.254\left(\text{Web Account}\right)\right)}{1 + \exp\left(0.496 - 0.004\left(\text{Days between Purchases}\right) + 1.254\left(\text{Web Account}\right)\right)}$$

```
------------------------------------------------------------------
          Coef.     Std.Err.      z       P>|z|     [0.025    0.975]
------------------------------------------------------------------
const     0.4962    0.0887     5.5968    0.0000    0.3224    0.6699
Days     -0.0037    0.0004    -8.4491    0.0000   -0.0046   -0.0028
Web       1.2537    0.3307     3.7914    0.0001    0.6056    1.9018
==================================================================
```

图 13.1 训练数据集的 Python 逻辑回归结果

```
------------------------------------------------------------
          Coef.    Std.Err.      z      P>|z|    [0.025   0.975]
------------------------------------------------------------
const    0.4634    0.0873    5.3105    0.0000    0.2924   0.6345
Days    -0.0035    0.0004   -8.2261    0.0000   -0.0043  -0.0026
Web      1.0973    0.2830    3.8780    0.0001    0.5427   1.6519
============================================================
```

图 13.2　测试数据集的 Python 逻辑回归结果

那么，我们如何解释逻辑回归系数呢？每个回归系数描述了当系数的自变量增加 1 时响应变量的对数概率的估计变化值。举例来说，考虑二元自变量 Web Account。Web Account 的回归系数为 1.254。通过计算 $e^{1.254} = 3.504$，我们发现，如果顾客有一个网络账户，那么他拥有商店信用卡的可能性大约是没有网络账户的顾客的 3.5 倍。

可以对 Days between Purchases 变量的系数执行类似的操作。通过计算 $e^{-0.004} = 0.996$，我们发现，如果顾客两次购买之间的天数每多一天，顾客拥有商店信用卡的可能性就降低 0.4%。由于只计算一天对于度量指标而言可能过于微小，因此可以将该系数乘以 30，得出 $e^{30 \times (-0.004)} = 0.89$，并且发现，对于每 30 天都没有购买过一次商品的顾客，该顾客拥有商店信用卡的可能性又会降低 11%。

13.4.1　如何使用 Python 执行逻辑回归

加载所需的包，并将 clothing_sales_training 和 clothing_sales_test 数据集分别作为 sales_train 和 sales_test 导入 Python 中。

```
import pandas as pd
import numpy as np
import statsmodels.api as sm
from scipy import stats
sales_train = pd.read_csv("C:/.../clothing_sales_
training.csv")
sales_test = pd.read_csv("C:/.../clothing_sales_test.
csv")
```

为了简单起见，我们将变量分离为自变量 X 和响应变量 y。在 X 数据帧中添加一个常量，以便在回归模型中包含一个常数项。

```
X = pd.DataFrame(sales_train[['Days', 'Web']])
X = sm.add_constant(X)
```

```
y = pd.DataFrame(sales_train[['CC']])
```

要执行逻辑回归，请使用 Logit()和 fit()命令。保存模型输出并对保存的模型输出运行 summary2()命令以查看模型结果。

```
logreg01 = sm.Logit(y, X).fit()
logreg01.summary2()
```

运行结果的摘录如图 13.1 所示。

若要验证模型，请对测试数据集执行相同的步骤。代码如下。

```
X_test = pd.Data Frame(sales_test[['Days', 'Web']])
X_test = sm.add_constant(X_test)
y_test = pd.Data Frame(sales_test[['CC']])
logreg01_test = sm.Logit(y_test, X_test).fit()
logreg01_test.summary2()
```

运行结果的摘录如图 13.2 所示。

13.4.2　如何使用 R 执行逻辑回归

将 clothing_sales_training 和 clothing_sales_test 数据集分别作为 sales_train 和 sales_test 导入 R 中。

为了运行逻辑回归模型，我们将使用 glm()命令。

```
logreg01 <- glm(formula = CC ~ Days + Web, data = sales_
train, family = binomial)
```

大部分代码与第 11 章中的代码类似；formula 输入列出了响应和自变量，data = sales_train 输入指定了数据集。唯一的更改是 glm()命令并添加 family = binomial 输入。glm()命令将运行广义线性模型(GLM)分析，family = binomial 指定了一个逻辑回归模型。将模型输出保存为 logreg01。

若要查看模型的摘要，请使用 summary()命令，并且将保存的模型名称作为该命令的唯一输入。输出结果的摘录如图 13.3 所示。

```
summary(logreg01)
```

```
Coefficients:
             Estimate Std. Error z value Pr(>|z|)
(Intercept)  0.4961706  0.0886529   5.597 2.18e-08 ***
Days        -0.0037016  0.0004381  -8.449  < 2e-16 ***
Web          1.2536955  0.3306672   3.791  0.00015 ***
---
Signif. codes:  0 '***' 0.001 '**' 0.01 '*' 0.05 '.' 0.1 ' ' 1
```

图 13.3　R 中针对训练数据集的逻辑回归结果

为了验证模型，请对测试数据运行相同的模型，并获取模型的摘要(见图 13.4)。代码如下。

```
logreg01_test <- glm(formula = CC ~ Days + Web, data =
sales_test, family = binomial)
summary(logreg01_test)
```

```
Coefficients:
             Estimate Std. Error z value Pr(>|z|)
(Intercept)  0.4634478  0.0872706   5.310 1.09e-07 ***
Days        -0.0034721  0.0004221  -8.226  < 2e-16 ***
Web          1.0972994  0.2829570   3.878 0.000105 ***
---
Signif. codes:  0 '***' 0.001 '**' 0.01 '*' 0.05 '.' 0.1 ' ' 1
```

图 13.4　R 中针对测试数据集的逻辑回归结果

13.5　泊松回归

还有许多其他类型的回归模型也属于 GLM 的范畴。在此，我们将介绍另一种回归模型：泊松回归。泊松回归用于预测事件计数，例如顾客会联系客服的次数。响应变量的分布将是该事件出现的次数，最小值为零。

计数响应变量的链接函数为 $g(\mu) = \ln(\mu)$。我们将链接函数设置为等于线性预测因子(线性自变量)，可以获得：

$$X\beta = \ln(\mu)$$

在分离出 μ 之后，我们得到：

$$\mu = e^{X\beta}$$

重新整理缩略的表示法，我们得到泊松回归等式的参数化形式：

$$y = e^{\beta_0 + \beta_1 x_1 + \beta_2 x_2 + \ldots + \beta_p x_p} + \varepsilon$$

对此式可以写出其描述式形式：

$$\hat{y} = e^{b_0 + b_1 x_1 + b_2 x_2 + \ldots + b_p x_p}$$

13.6　泊松回归模型的应用

我们将使用 churn(客户流失)数据集构建一个模型,根据客户是否流失来估计客户服务呼叫的次数。我们的响应变量是一个整数值变量,这就是为什么我们使用泊松回归而不是线性回归进行估计的原因。

泊松回归模型的结构如下:

$$\widehat{\text{Cust Serv Calls}} = \exp\left(b_0 + b_1\left(\text{Churn}\right)\right)$$

回归分析的结果如图 13.5 所示。使用上面给出的系数,可以构建泊松回归模型如下:

$$\widehat{\text{Cust Serv Calls}} = \exp\left(0.3714 + 0.4305\left(\text{ Churn} = \text{True }\right)\right)$$

```
=========================================================================
                 coef     std err       z       P>|z|    [0.025    0.975]
-------------------------------------------------------------------------
const           0.3714     0.016     23.877     0.000     0.341     0.402
Churn = True    0.4305     0.034     12.582     0.000     0.363     0.498
=========================================================================
```

图 13.5　Python 中用于预测客户服务呼叫数量的泊松回归结果

现在,我们如何解释泊松回归系数呢?当用作 e 的指数时,回归系数描述了当系数的自变量每增加 1 时响应变量的乘性变化估计值。在我们的例子中,回归系数为 0.4305,得出 $e^{0.4305}=1.538$。如果客户没有流失,系数的自变量 churn 为零;如果客户流失,系数的自变量 churn 为 1。因此,从非流失客户到流失客户的转移增加了预期的客户服务呼叫数 1.538 倍,即增加了 53.8%。

13.6.1　如何使用 Python 执行泊松回归

当然,为了验证我们的建模结果,你首先要将数据拆分为训练数据集和测试数据集。由于交叉验证已在其他章节以及逻辑回归中做过说明,因此我们在本节仅说明如何构建泊松回归模型。

加载所需的包。

```
import pandas as pd
import numpy as np
import statsmodels.api as sm
import statsmodels.tools.tools as stattools
```

将 churn 数据集作为 churn 读入 Python 中。

```
churn = pd.read_csv("C:/.../churn")
```

我们的自变量是 Churn，它是分类型的。与前面的建模任务类似，我们需要将 Churn 的分类值更改为虚拟变量。在本练习中，我们将使用一个虚拟变量，如果客户流失，该变量等于 1。

```
churn_ind = pd.get_dummies(churn['Churn'], drop_first = 
True)
```

get_dummies() 命令创建两个指示符变量，分别用于 Churn 中的每个分类值。drop_first = True 输入将删除第一个虚拟变量，在我们的例子中该变量对应于 Churn = False，并保留余下的虚拟变量，该变量对应于 Churn = True。

剩下的命令包括将新的虚拟变量保存为数据帧，添加常数项以便我们的回归模型具有常量，并对列进行重命名以便使输出更容易读取。

```
X = pd.DataFrame(churn_ind)
X = sm.add_constant(X)
X.columns = ['const', 'Churn = True']
```

我们还准备了响应变量。

```
y = pd.DataFrame(churn[['Cust Serv Calls']])
```

最后，我们使用 GLM() 命令运行泊松回归。

```
poisreg01 = sm.GLM(y, X, family = sm.families.
Poisson()).fit()
```

注意 GLM() 命令的三个输入值。前两个输入 y 和 X 分别指定响应变量和自变量。第三个输入 family = sm.families.Poisson() 指定应该使用泊松回归。fit() 命令将用该模型拟合我们的数据。我们将结果保存为 poisreg01。

使用 summary() 命令查看模型的结果。

```
poisreg01.summary()
```

summary()输出的摘录如图 13.5 所示。

13.6.2　如何使用 R 执行泊松回归

与我们的 Python 示例一样，在本节仅说明如何构建泊松回归模型。我们返回 glm()
命令，我们以前用它构建逻辑回归模型，现在用它构建泊松回归模型。

```
poisreg01 <- glm(formula = CustServ.Calls ~ Churn, data =
churn, family = poisson)
```

现在，　formula 输入将 CustServ Calls 指定为响应变量，将 Churn 指定为自变量。
family = poisson 输入指定应将泊松回归应用于数据。将回归的输出保存为 poisreg01。
使用 summary()命令查看有关模型的详细信息。

```
summary(poisreg01)
```

summary()命令的摘录如图 13.6 所示。

```
Coefficients:
              Estimate Std. Error z value Pr(>|z|)
(Intercept)   0.37377    0.01638   22.82   <2e-16 ***
ChurnTrue     0.42795    0.03602   11.88   <2e-16 ***
---
Signif. codes:  0 '***' 0.001 '**' 0.01 '*' 0.05 '.' 0.1 ' ' 1
```

图 13.6　R 中的泊松回归结果

13.7　习题

概念辨析题

1. 本章讨论的回归响应变量的三种情况是什么？
2. 什么样的回归模型包括所有这三种响应变量？
3. 我们将什么称为线性预测因子？我们如何写出它的缩略形式？
4. 链接函数连接哪两项？我们如何写出它的缩写形式？
5. 线性回归的链接函数是什么？
6. 当我们试图预测二元响应变量时，应该使用哪种回归？
7. 逻辑回归的链接函数是什么？
8. 来自逻辑回归的预测值是概率还是二元值？

9. 逻辑回归模型的描述形式是什么？

10. 在试图预测计数响应变量时，我们应该使用哪种回归？

11. 泊松回归的链接函数是什么？

12. 泊松回归模型的描述形式是什么？

数据处理题

对于以下练习，请使用 clothing_sales_training 和 clothing_sales_test 数据集。可以使用 Python 或 R 求解每个问题。

13. 创建一个逻辑回归模型，根据顾客是否有一个 Web 账户以及两次购买之间的天数来预测顾客是否有商店信用卡。获取该模型的摘要。

14. 是否有任何应从模型中删除的变量？如果有的话，移除它们并重新运行模型。

15. 用问题 1 得到的系数写出逻辑回归模型的描述形式。

16. 使用测试数据集验证模型。

17. 对数据集中的每个记录，获取响应变量的预测值。

对于以下练习，请使用 churn(客户流失)数据集。使用 Python 或 R 求解每个问题。

18. 创建一个泊松回归模型，根据顾客是否流失来预测顾客拨打客服电话的次数。获取该模型的摘要。

19. 写出之前练习中泊松回归模型的描述形式。

实践分析题

对于以下练习，使用 adult 数据集。可以使用 Python 或 R 解答每个问题。

20. 建立一个逻辑回归模型，根据一个人的年龄、受教育程度(以数字变量 education.num 表示)和每周工作小时数预测其收入。获取该模型的摘要。

21. 是否有任何变量应该从之前练习得到的模型中删除？如果有的话，移除这些变量并重新运行模型。

22. 写出上一个练习中最后得到的逻辑回归模型的描述形式。

23. 解释 age(年龄)变量的系数。

24. 计算年龄每大 10 岁对一个人具有高收入的概率的影响。

25. 解释 education.num 变量的系数。

26. 计算受教育每多 4 年对一个人具有高收入的概率的影响。

27. 解释 hours.per.week 变量的系数。

28. 计算一个人每周多工作 5 个小时对其具有高收入的概率的影响。

29. 使用上一练习中的模型获取预测值。将预测值与实际值进行比较。

30. 建立一个泊松回归模型，根据一个人的年龄和他每周工作的小时数预测一个人的受教育年限(使用变量 education.num)。获取该模型的摘要。

31. 是否有任何变量应该从前面的练习中得到的模型中删除？如果有的话，移除该变量并重新运行模型。

32. 写出上一个练习中最后得到的泊松回归模型的描述形式。

33. 使用上一个练习中的模型获取预测值。将预测值与实际值进行比较。

第**14**章
关 联 规 则

14.1 关联规则简介

关联规则试图揭示变量之间的关联性，常常呈现"如果先有 A，那么 B 跟随"的形式，并且带有与规则相关的支持度和置信度指标。举个例子，某家超市可能会发现在周四晚上购物的 1000 名顾客中，有 200 人买尿布，并且买尿布的 200 人中有 50 人买了啤酒。因此，这里的关联规则将是："如果买尿布，就会买啤酒"，该关联规则的支持度为 50/1000=5%，置信度为 50/200=25%。

任何此类算法有待解决的一个令人生畏的难题是高维度带来的灾难：可能存在的关联规则的数量在属性数量上呈指数增长。具体来说，如果存在 k 个属性，我们将其限定为二元属性，并且我们只考虑肯定的情况(例如，购买尿布=是)，那么共有 $k \cdot 2^{k-1}$ 个可能的关联规则[1]。考虑到一种典型的关联规则应用是市场购物篮分析，该应用存在上千个二元属性(买啤酒？买爆米花？买牛奶？买面包？等)，这个搜索问题乍一看似乎完全没有希望求解。例如，假设一个小型便利店只有 100 种不同的商品，一个顾客可以购买或不购买这 100 种商品的任何组合。那就是，总共有 $2^{100} \cong 1.27 \times 10^{30}$ 个可能的关联规则等待你的无畏搜索算法去求解。然而，值得庆幸的是，一种挖掘关联规则的先验算法可以利用规则自身内部的结构，将大规模的搜索问题缩减到一个更易于处理的规模。

14.2 关联规则挖掘的简单示例

我们从一个简单的例子开始。假设一个当地的农民在路边摆了一个蔬菜摊，并提供

---

1 David J. Hand, Heikki Mannila, and Padhraic Smyth, *Principles of Data Mining*, MIT Press, Cambridge, 2001.

以下可出售的蔬菜：芦笋、豆子、花椰菜、玉米、青椒、南瓜和西红柿。将这组商品项的集合表示为 I。

顾客们一个接一个地停在路边，拿起一个篮子并购买这些物品的各种组合，即 I 的子集。

令 D 为表 14.1 中表示的一组交易，其中 D 中的每笔交易 T 表示 I 中包含的一组项目。

假设我们有一组特定的项目 A(如豆子和南瓜)和另一组项目 B(如芦笋)。然后，定义如下一个关联规则：

关联规则采取如下形式

$$\text{if } A \text{ then } B(\text{即 } A => B)$$

其中，先行条件(前因)A 和后续结果 B 都是 I 的可行子集，并且 A 和 B 是互斥的。

这个定义可以排除那些琐碎的规则，例如 if 有豆子和南瓜，则有豆子(if beans and squash, then beans)。

表 14.1 在路边蔬菜摊执行的交易

交易	购买的商品项
1	花椰菜、青椒、玉米
2	芦笋、南瓜、玉米
3	玉米、南瓜
4	青椒、玉米、西红柿、豆子
5	豆子、芦笋、花椰菜
6	南瓜、芦笋、豆子、西红柿
7	西红柿、玉米
8	花椰菜、西红柿、青椒
9	南瓜、芦笋、豆子
10	豆子、玉米
11	青椒、花椰菜、豆子、南瓜
12	芦笋、豆子、南瓜
13	南瓜、玉米、芦笋、豆类
14	玉米、青椒、番茄、豆类、花椰菜

14.3 支持度、信任度和提升度

衡量关联规则优越的度量指标包括支持度(support)、置信度(confidence)和提升度

(lift)。某特定关联规则 $A \Rightarrow B$ 的支持度(support)是 D 中包含 A 和 B 的交易的比例。也就是,

$$support = P(A \cap B) = \frac{\text{number of transactions containing both } A \text{ and } B}{\text{total number of transactions}}$$

该关联规则 $A \Rightarrow B$ 的置信度(confidence)是该规则准确度的度量,由 D 中包含 A 的交易中也同时含有 B 的交易的比例确定。也就是,

$$confidence = P(B \mid A) = \frac{P(A \cap B)}{P(A)}$$

$$= \frac{\text{number of transactions containing both } A \text{ and } B}{\text{number of transactions containing } A}$$

在概率的语境中,置信度表示给定 A 情况下 B 的条件概率。

举个例子,考虑一条关联规则,"如果买了南瓜,那么也会买豆子",其中 A 代表南瓜,B 代表豆子。从表 14.1 可以看出,我们有以下七项交易购买了南瓜(见表 14.2)。

因此:

$$support = P(A \cap B) = \frac{\text{transactions containing both } A \text{ and } B}{\text{total transactions}} = \frac{6}{14} = 42.9\%$$

$$confidence = P(B \cap A) = \frac{\text{transactions containing both } A \text{ and } B}{\text{transactions containing } A} = \frac{6}{7} = 85.7\%$$

另一个用于量化关联规则有用性的指标是提升度(lift)。提升度将使用关联规则的置信度与不借助关联规则只随机选择结果的概率进行了比较。我们将提升度定义为:

$$Lift = \frac{\text{Rule confidence}}{\text{Prior proportion of the consequent}}$$

表 14.2　购买南瓜的交易

交易	购买的商品项
2	芦笋、南瓜、玉米
3	玉米、西红柿、豆子、南瓜
6	南瓜、芦笋、豆子、西红柿
9	南瓜、芦笋、豆子
11	青椒、花椰菜、豆子、南瓜
12	芦笋、豆子、南瓜
13	南瓜、玉米、芦笋、豆类

回想一下超市的例子，在 1000 个顾客中，200 个买了尿布，在这 200 个买了尿布的顾客中，50 个也买了啤酒。

假设 1000 个顾客中有 100 个买了啤酒。因此，购买啤酒者的先验比例为 100/1000 = 10%。规则置信度为 50/200 = 25%。因此，对于关联规则 "如果购买了尿布，则会购买啤酒" 的提升度为：

$$\text{Lift} = \frac{\text{Rule confidence}}{\text{Prior proportion of the consequent}} = \frac{0.25}{0.10} = 2.5$$

这一结果可以解释为，"购买尿布的顾客购买啤酒的可能性是整个数据集中顾客购买啤酒可能性的 2.5 倍。" 显然，这个关联规则无疑对希望销售更多啤酒的商店经营者而言很有用。

对于关联规则，"如果购买南瓜(A)，就会买豆子(B)"，我们有：

$$\text{Lift} = \frac{\text{Rule confidence}}{\text{Prior proportion of the consequent}} = \frac{6/7}{9/14} = 1.33$$

因此，购买南瓜的顾客将比一般的顾客多 33% 的可能性购买豆子。

14.4　挖掘关联规则

所以，让我们使用 Churn_Training_File 数据集亲自着手挖掘关联规则。通过执行以下操作进行挖掘准备：

- 将以下变量分组到它们自己的数据帧中：VMail Plan, Intl Plan, CustServ Calls 和 Churn。
- 将 CustServ Calls 设置为有序因子。

让我们首先找到各种变量的 "基准" 比例，以便后面根据这些基准水平检查关联规则的置信程度。这些比例可在图 14.1 和图 14.2 中找到。例如，客户流失的比例为 14.53%。

现在，让我们使用以下设置生成一些关联规则：

- 将要获取的关联类型指定为 "规则"
- 最小支持度等于 0.01(1%)
- 最小置信度等于 0.4(40%)
- 最大前因项的数量为 1

一旦生成了规则，你可能必须删除先行条件中包含 Churn(客户流失)的那些规则。完成此操作后得到的规则如图 14.3 所示，按提升度进行排序。

```
> t11
                Intl.Plan = no Intl.Plan = yes
Count           2705.0000       295.0000
Proportion         0.9017         0.0983
> t22
                VMail.Plan = no VMail.Plan = yes
Count           2170.0000        830.0000
Proportion         0.7233          0.2767
> t33
                Churn = False Churn = True
Count           2564.0000      436.0000
Proportion         0.8547        0.1453
```

图 14.1　R 中国际计划(International Plan)，语音信箱计划(Voicemail Plan)和客户流失(Churn)的比例

```
> t44
                CSC = 0   CSC = 1   CSC = 2   CSC = 3   CSC = 4
Count          626.00000 1068.000 679.00000 383.00000 149.00000
Proportion       0.20867    0.356   0.22633   0.12767   0.04967
                CSC = 5  CSC = 6 CSC = 7 CSC = 8 CSC = 9
Count          61.00000 22.00000 8.00000 2.00000 2.00000
Proportion      0.02033  0.00733 0.00267 0.00067 0.00067
```

图 14.2　R 中客服呼叫(Customer Service Calls)的比例

```
     lhs                    rhs            support    confidence lift      count
[1]  {CustServ.Calls=5} => {Churn=True}   0.01200000 0.5901639 4.0607610   36
[2]  {CustServ.Calls=4} => {Churn=True}   0.02266667 0.4563758 3.1402007   68
[3]  {Intl.Plan=yes}    => {Churn=True}   0.04233333 0.4305085 2.9622143  127
[4]  {CustServ.Calls=3} => {VMail.Plan=no} 0.09933333 0.7780679 1.0756699  298
[5]  {VMail.Plan=yes}   => {Churn=False}  0.25200000 0.9108434 1.0657294  756
[6]  {CustServ.Calls=1} => {Churn=False}  0.32000000 0.8988764 1.0517275  960
[7]  {CustServ.Calls=3} => {Churn=False}  0.11433333 0.8955614 1.0478487  343
[8]  {CustServ.Calls=4} => {VMail.Plan=no} 0.03733333 0.7516779 1.0391860  112
[9]  {CustServ.Calls=2} => {Churn=False}  0.20066667 0.8865979 1.0373611  602
[10] {Intl.Plan=no}     => {Churn=False}  0.79866667 0.8857671 1.0363890 2396
```

图 14.3　R 中发现的按照提升度排序的前 10 条关联规则

图中的第一条规则是提升度最大的关联规则，其 Rule ID 为 1(Rule ID [1])：

```
If customer service calls = 5 then Churn = True
```

Rule ID [1]的提升度约为 4.06。

如何使用 R 挖掘关联规则

读入 Churn_Training_File 数据集并将其命名为 churn。第一步是只从数据集中提取出我们想要从中得到关联规则的那些列。

```
min.churn <-
 subset(churn, select = c("Intl.Plan", "VMail.Plan",
"Cust Serv.Calls",
      "Churn"))
```

如前所述，subset()命令以某个数据集为输入并从中提取指定的行或列。因为我们需要四列，所以将它们的名称放在输入 select 下的一个向量中。我们将新的数据帧命名为 min.churn。

为了将 Customer Service Calls 更改为一个因子，我们使用 ordered()命令。

```
min.churn$Cust Serv.Calls <- ordered(as.factor(min.
churn$CustServ.Calls))
```

我们在这里使用两个嵌套命令。首先，as.factor()接受 CustServ.Calls 变量并生成具有不同值的一个因子。但是，该变量将被视为名义变量(标称变量/定类变量)，而不是序数变量(定序变量)。为了将级别设置为有序的，我们将 as.factor()命令包含在 ordered()命令中。现在，因子变量 CustServ.Calls 中级别的顺序将设置为升序。

为了获得这四个变量的基准分布，我们要用到几张表。第一张表的代码如下所示，剩下的三张表留作练习。

```
t1 <- table(min.churn$Intl.Plan)
t11 <- rbind(t1, round(prop.table(t1), 4))
```

table()、prop.table()和 round()命令在前面的章节中已经讨论过。表 t1 中包含拥有和没有国际计划的客户数量的一个计数，而 prop.table()命令返回一个表，表中含有这些相同类别的比例。rbind()命令创建一个将计数和比例放在一起的矩阵。将矩阵保存为 t11。

为了提高表的可读性，我们添加了列名称和行名称。

```
colnames(t11) <- c("Intl.Plan = no", "Intl.Plan = yes")
rownames(t11) <- c("Count", "Proportion")
t11
```

要知道 colnames()值的放置顺序，请查看表 t1。第一列含有 no 值。我们使用此信息了解 colnames()值的顺序。也就是说，首先是 Intl.Plan = no 值，然后是 Intl.Plan = yes。得到的 t11 如图 14.1 中的第一个表所示。

完成数据设置和获取基准分布信息后，安装并加载用于关联规则的包：arules 包。

```
install.packages("arules"); library(arules)
```

若要得到关联规则，请运行 arules 包中的 apriori()命令。

```
all.rules <- apriori(data = min.churn, parameter =
list(supp = 0.01, target = "rules",
      conf = 0.4, minlen = 2, maxlen = 2))
```

尽管唯一需要的输入是 data = min.churn，但我们需要指定先前说明的参数设置。首先，supp = 0.01 将最小支持度设置为 1%。target = "rules" 输入指定我们需要关联规则。minlen = 2 和 maxlen = 2 输入值指定我们只需要具有一个项的先行条件，因为先行条件为空项的规则被认为长度为 1。最后，conf = 0.4 输入将最小置信度设置为 40%。将此算法的运行结果保存为 all.rules。

要查看我们获得的按照提升度值排序的前 10 条规则，请使用命令 inspect()和 head()。

```
inspect(head(all.rules, by = "lift", n = 10))
```

by 和 n 的值指定要排序的准则及要返回的最大规则数，结果如图 14.4 所示。

请注意，图 14.4 包含了一些规则，其中先行条件("lhs" 或 "左手侧")中含有 Churn。我们不想要这些规则，这意味着我们下面要做的是从 all.rules 中只提取在先行条件中不包含 Churn 的那些规则的子集。

```
       lhs                    rhs                support    confidence lift     count
[1]    {CustServ.Calls=5}  => {Churn=True}       0.01200120 0.6060606  4.182195   40
[2]    {CustServ.Calls=4}  => {Churn=True}       0.02280228 0.4578313  3.159321   76
[3]    {Intl.Plan=yes}     => {Churn=True}       0.04110411 0.4241486  2.926889  137
[4]    {Churn=True}        => {VMail.Plan=no}    0.12091209 0.8343685  1.153443  403
[5]    {VMail.Plan=yes}    => {Churn=False}      0.25262526 0.9132321  1.068001  842
[6]    {CustServ.Calls=3}  => {VMail.Plan=no}    0.09930993 0.7715618  1.066618  331
[7]    {CustServ.Calls=3}  => {Churn=False}      0.11551155 0.8974359  1.049528  385
[8]    {CustServ.Calls=1}  => {Churn=False}      0.31773177 0.8966977  1.048664 1059
[9]    {CustServ.Calls=2}  => {Churn=False}      0.20162016 0.8853755  1.035423  672
[10]   {Churn=False}       => {Intl.Plan=no}     0.79927993 0.9347368  1.035042 2664
```

图 14.4   R 获得的所有规则中按照提升度值排序的前 10 条规则

首先，我们需要确定哪些规则在先行条件 lhs 中含有 Churn。若要使用 lhs，我们需要将规则格式化为数据帧。但是，apriori()算法不会返回格式化为数据帧的输出。为了将lhs 的格式转换为数据帧，我们使用两个 as()命令。

```
all.rules.ant.df <- as(as(attr(all.rules, "lhs"),
"transactions"), "data.frame")
```

核心代码 attr(all.rules, "lhs")指定我们正在使用 all.rules 中包含的规则的先行条件 (lhs)。第一个 as()命令将 attr()代码作为输入并添加额外的输入"transactions"，将先行条件更改为一种特属于 arules()包的格式，称为 transactions。这一步是必需的，因为类型为 transactions 的对象随后可以使用第二个 as()命令被转换为一种 data.frame 数据帧格式，这次使用第二个输入值"data.frame"。我们将结果保存为 all.rules.ant.df，以表示 all.rules 对象的先行条件("ant")已经被转换成数据帧("df")。

既然我们已经将先行条件隔离成一种可以使用的格式，我们查看它们以了解哪些先行条件中含有 Churn = True 或 Churn = False。

```
t1 <- rules.dataframe$items == "{Churn=True}"
t2 <- rules.dataframe$items == "{Churn=False}"
non.churn.ant <- abs(t1+t2-1)
```

向量 t1 和 t2 是一系列的 0 和 1，其中 0 表示先行条件不满足，1 则表示满足条件。当我们使用以 t1+ t2 - 1 的绝对值为输入的 abs()命令时，结果是一个由 0 和 1 构成的单向量，其中 1 表示不包含 Churn 的先行条件。我们将这个二元向量保存为 non.churn.ant。

最后，我们从 all.rules 中只抽取出那些 non.churn.ant 等于 1 的规则。换言之，我们只对那些在先行条件中没有 Churn 的规则进行分组。

```
good.rules < - all.rules[non.churn.ant == 1]
```

将得到的规则另存为 good.rules。

通过再次使用命令 inspect()和 head()，可以按照提升度值下降的顺序查看排序的 good.rules 规则。

```
inspect(head(good.rules, by = "lift", n = 28))
```

这个命令的前 10 行输出如图 14.3 所示。

要创建后面将使用的由 Churn 和 Customer Service Calls 构成的列联表，请运行以下代码：

```
t.csc.churn <- table(min.churn$Churn, min.churn$Cust Serv.
```

```
Calls)
colnames(t.csc.churn) <- c("CSC = 0", "CSC = 1", "CSC =
2", "CSC = 3", "CSC = 4",
    "CSC = 5", "CSC = 6", "CSC = 7", "CSC = 8", "CSC = 9")
rownames(t.csc.churn) <- c("Churn = False", "Churn = True")
addmargins(A = t.csc.churn, FUN = list(Total = sum),
quiet = TRUE)
```

运行结果如图 14.5 所示。

```
                CSC = 0 CSC = 1 CSC = 2 CSC = 3 CSC = 4
Churn = False       540     960     602     343      81
Churn = True         86     108      77      40      68
Total               626    1068     679     383     149

                CSC = 5 CSC = 6 CSC = 7 CSC = 8 CSC = 9 Total
Churn = False        25       8       4       1       0  2564
Churn = True         36      14       4       1       2   436
Total                61      22       8       2       2  3000
```

图 14.5 R 中由 Churn 和 Customer Service Calls 构成的列联表

14.5 确认我们的指标

我们将把 Rule ID[1] 称为"规则 1"。接下来，让我们使用迄今为止所学到的知识，确认规则 1 的以下值：

(1) 支持度

(2) 置信度

(3) 提升度

1. 支持度

$$s = \text{support} = P(\text{CSC} = 5 \text{and Churn=True})$$

$$= \frac{\text{transactions with both CSC=5 and Churn=True}}{\text{total number of transactions}} = \frac{36}{3000} = 1.2\%$$

我们怎么获得上式中的值 36？支持度需要两个事件的交集，这可以通过生成客服电话与客户流失的列联表得到，如图 14.5 所示。请注意，CSC = 5 且 Churn = True 的单元格包含的 Count = 36，占记录总数的 1.2%。

2. 置信度

使用列联表确认置信度等于条件概率 $P(B \mid A)$。

$$\text{confidence} = P(\text{Churn=True} \mid \text{CSC}=5) = \frac{P(\text{Churn=True and CSC=5})}{P(\text{CSC}=5)}$$

$$= \frac{\text{number of transactions containing both CSC=5 and Churn=True}}{\text{number of transactions containing CSC=5}}$$

图 14.5 中给出了这些数值，因此

$$\text{confidence} = P(\text{Churn=True} \mid \text{CSC}=5) = \frac{36}{61} = 59.016\%$$

3. 提升度

对提升度的值进行解释。

$$\text{Lift} = \frac{\text{Rule confidence for Rule 1}}{\text{Prior proportion of Churn=True}}$$

从第 2 个等式中我们得到置信度=59.016%。从图 14.1 中，我们得到 Churn = True 的先验百分比等于 14.53%。因此可得

$$\text{Lift} = \frac{\text{Rule confidence for Rule ID2}}{\text{Prior proportion of Churn=True}} = \frac{0.59016}{0.1453} = 4.061$$

换句话说，打过五次客服电话的顾客流失的概率是普通顾客流失率的 4.061 倍。

14.6 置信差准则

上面的关联规则是使用最小置信度标准生成的。但是，还存在生成关联规则的其他准则。接下来，我们考虑使用置信差准则(confidence difference criterion)。置信差评估指标给出了结果项的先验概率(在此是客户流失状态)和规则的置信度之间的绝对差值。所以，只有满足如下条件才能将规则包含在其中：

|结果项的先验概率 − 规则置信度 | ≥ 0.40

图 14.6 显示了使用置信差下限为 40 生成的唯一关联规则(其中最小的先行条件支持度为 1%，最小的规则置信度为 5%，最大的先行项数量为 1)。

此关联规则的规则置信度为 0.59016，Churn = True 的先验概率为 0.14533，因此得到：

|结果的先验概率 − 规则置信度|

=|0.14533 − 0.59016|=0.44483≥0.40

图 14.6 中的 diff 统计值等于绝对差值 0.44483。

```
        lhs                      rhs           support confidence diff        lift     count
[1] {CustServ.Calls=5} => {Churn=True} 0.012   0.5901639  0.4448306 4.060761 36
```

图 14.6　使用置信差下限为 40 得到的关联规则

我们可能对置信度与结果项的先验概率相似的规则不感兴趣。例如，通过从数据中随机选择一个交易，获得一个流失顾客的概率为 0.14533。如果生成的规则给出的置信度指标与 0.14533 相差不大，那么也可以使用随机的选择。因此，置信差可以指示偏离随机选择的规则。在这里的示例中，可以看到，打过五次客服电话的客户的流失概率显然与从数据中随机选择的客户的流失率有很大不同。置信差指标有助于剔除那些显而易见的规则，例如"如果怀孕，那么是女性"。该指标也解释了偏态分布或不均匀分布。

如何在 R 中应用置信差准则

为了在关联规则设置中包含置信差准则，返回 apriori() 命令并添加其他输入值。

```
rules.confdiff <- apriori(data = min.churn, parameter =
list(arem = "diff", aval = TRUE,
       minval = 0.4, supp = 0.01, target = "rules", conf
       = 0.05, minlen = 2, maxlen = 2))
```

请注意 parameter = list() 下的三个新输入设置。第一个输入 arem = "diff" 指定应该使用置信差标准。第二个输入 aval = TRUE 指明在显示结果时应该报告此标准的值。第三个输入 minval = 0.4 将置信差的下限设置为 40。将输出保存为 rules.confdiff。

若要查看新的规则[1]，请使用 inspect() 和 head() 命令，这次使用 rules.confdiff 作为主要输入。

```
inspect(head(rules.confdiff, by = "lift", n = 10))
```

14.7　置信商准则

为了说明置信商准则(confidence quotient criterion)，我们生成的规则使用了下限值 40(并且最小的先行条件支持度为 1%，最小的规则置信度为 5%，最大的先行条件数量

---

1 输出将提供在先行条件中含有 Churn 的规则。如之前 R 部分中说明的那样，在仅提取在先行条件中没有 Churn 的那些规则后，输出将与图 14.6 所示的结构相匹配。

为 1)。在删除了任何先行条件含有 Churn 的规则之后，我们得到了图 14.7 所示的三个关联规则。

置信商评估指标给出了结果项的先验概率(Churn = True)和规则的置信度之间的绝对比率(absolute ratio)。因此，只有满足以下条件，规则才会包含在本例中：

$$
\left\{
\begin{array}{c}
1 - \dfrac{\text{规则置信度}}{\text{结果的先验比例}} \geqslant 0.40 \\[1em]
\text{或} \\[1em]
1 - \dfrac{\text{结果的先验比例}}{\text{规则置信度}} \geqslant 0.40
\end{array}
\right.
$$

该值无论如何都不是负值。

```
      lhs                      rhs              support    confidence quot      lift     count
[1] {CustServ.Calls=5} => {Churn=True} 0.01200000 0.5901639  0.7537407 4.060761  36
[2] {CustServ.Calls=4} => {Churn=True} 0.02266667 0.4563758  0.6815490 3.140201  68
[3] {Intl.Plan=yes}    => {Churn=True} 0.04233333 0.4305085  0.6624147 2.962214 127
```

图 14.7　R 中使用置信商下限为 40 得到的关联规则

让我们确认图 14.3 中 Rule [3] 的计算。这条规则的置信度为 0.43051。从图 14.1 中，结果项(Churn=True)的先验比例等于 0.14533。因此，

$$
1 - \frac{\text{结果的先验比例}}{\text{规则置信度}} = 1 - \frac{0.14533}{0.43051} = 0.66242 \geqslant 0.40
$$

考虑到舍入误差，图 14.7 中的 quot(商)统计值等于我们上面得到的值 0.66242。

与置信差一样，该方法也考虑了不均匀分布。此方法特别擅长于发现可预测稀缺事件的规则。当然，和其他使用交叉验证的数据科学任务一样，关联规则挖掘也需要验证。我们将在练习中演示如何完成此任务。

如何在 R 中应用置信商准则

为了在我们的关联规则设置中包含置信差准则，我们再次使用 apriori() 命令并更改输入值。

```
rules.confquot <- apriori(data = min.churn, parameter =
list(arem = "quot", aval = TRUE,
     minval = 0.4, supp = 0.01, target = "rules", conf =
0.05, minlen = 2, maxlen = 2))
inspect(head(rules.confquot, by = "lift", n = 10))
```

以上代码的输出(未显示)包括先行条件中含有 Churn 的规则。

我们的下一步是从获得的规则中只提取出先行条件中含有 Churn 的那些规则。我们遵循与 14.4.1 节说明的相同的一般步骤。

```
rules.confquot.ant.df <- as(as(attr(rules.confquot,
"lhs"), "transactions"), "data.frame")
t1 <- rules.confquot.ant.df$items == "{Churn=True}"
t2 <- rules.confquot.ant.df$items == "{Churn=False}"
non.churn.ant <- abs(t1+t2-1)
good.rules.confquot <- rules.confquot[non.churn.ant == 1]
inspect(good.rules.confquot)
```

代码运行结果如图 14.7 所示。

告别语

本书的作者非常感谢你加入我们的队伍,共同研究如何使用 Python 和 R 学习数据科学。你应该花点时间欣赏一下你的成就! 看你学到了多少知识! 我们衷心祝愿你在生命的旅途中以及在数据科学的学习过程中一切顺利。

Chantal D. Larose

Daniel T. Larose

14.8　习题

概念辨析题

1. 高维度灾难如何被称为发现关联规则的一大挑战?

2. 关联规则一般采用什么形式?

3. 用你自己的话, 解释一下我们所说的关联规则的支持度是什么意思。

4. 关联规则的置信度等价于什么概率?

5. 解释提升度是什么意思。

6. 什么是置信差准则, 为什么要使用它?

7. 描述置信比率标准。

使用表 14.1 回答以下问题。

8. 计算出规则"如果购买玉米，那么购买西红柿"的支持度。

9. 得到规则"如果购买玉米，那么购买西红柿"的置信度。

10. 计算规则"如果购买玉米，那么购买西红柿"的提升度。

数据处理题

对于以下练习，请使用 Churn_Training_File 数据集。使用 R 求解每个问题。

11. 将变量 VMail Plan、Int'l Plan、CustServ Calls 和 Churn 分组到它们自己的数据帧中。将 CustServ Calls 更改为有序因子。

12. 为上面的四个变量中的每个变量创建表。在每张表中同时包括计数和比例。使用这些表讨论每个变量的"基准"分布。

13. 使用 14.4 节中说明的设置获取关联规则。

14. 提取上一个练习中的规则子集，以便使得所有先行条件都不包含 Churn 变量。显示这些规则并按提升度降序排序。

15. 使用 14.6 节中概述的置信差标准获取关联规则。

16. 手动确认前一个练习中第一个规则的置信差标准的值是正确的。

17. 使用 14.7 节中概述的置信商标准获取关联规则。只提取那些在先行条件中没有 Churn 的规则的子集。

18. 手动确认上一练习中第一个规则的置信商准则值是正确的。

实践分析题

对于以下练习，使用 adult 数据集。可以使用 Python 或 R 解答每个问题。

19. 将变量 education、marital.status 和 income 分组到各自的数据帧中。

20. 为上述三个变量的每一个变量创建表。在每张表中同时包括计数和比例。使用这些表获得各种值的先验比例。

21. 使用最小支持度为 2%、最小置信度为 50% 和最大先行项为 1 获得关联规则。

22. 从前一个练习的规则中提取规则子集，使得规则的先行条件中都包含 income 变量。显示满足要求的规则并按提升度的降序排序。

23. 利用置信差准则得到关联规则，置信差下界为 30，最小先导支持度为 2%，最小规则置信为 50%，最大先行项为 1。

24. 从前一个练习的规则中提取规则子集，使得规则的先行条件中都包含 income 变量。显示满足要求的规则并按提升度的降序排序。

25. 手动确认前一个练习中第一个规则的置信差标准的值是正确的。

26. 利用置信商准则得到关联规则，置信商下界为 30，最小先行条件支持度为 2%，最小规则置信度为 50%，最大先行项为 1。

27. 从前一个练习的规则中提取规则子集，使得规则的先行条件中都包含 income 变量。显示满足要求的规则并按提升度的降序排序。

28. 手动确认上一练习中第一个规则的置信商标准值是正确的。

对于以下练习，使用 AR_Training 和 AR_Test 数据集。响应是目标变量，因此只考虑它是唯一可能的结果的规则。其他变量是自变量，因此只考虑自变量是前提的规则。默认使用训练集，除非另行通知。

29. 为每个变量创建表。在每张表中同时包括计数和比例。这些表将用于获得各种值的先验比例。

30. 使用 5% 的最小支持率、5% 的最小置信度和数量为 1 的最大先行项生成关联规则。显示规则，按提升度值降序排序。

31. 从上一个练习中选择具有最大提升度的规则。为不熟悉数据科学的人解释这个提升度的值。

32. 继续上一练习中的关联规则。计算任何需要的先验比例，并建立所需要的各种列联表，以便可以手动确认以下指标的值：

    a. 支持度

    b. 置信度

    c. 提升度

33. 使用 5% 的最小支持率、5% 的最小置信度和最大数量为 2 的先行条件生成关联规则。显示规则，按提升度降序排序。

34. 从上一个练习中选择具有最大提升度的规则。将此规则与先行条件项数 = 1 的最高提升度规则进行比较。

    a. 哪条规则的提升效果更好(较大的提升度)？

    b. 哪条规则有更大的支持度？

    c. 如果你是一名营销经理，并且资金只允许投入这些规则中的一条，那会选择哪条规则，为什么？

35. 利用置信差准则得到关联规则，置信差下界为 30，最小支持度为 5%，最小置信度为 5%，最大先行项为 1。显示规则，并按提升度降序排序。

36. 从上一个练习中选择具有最大提升度的规则。手动确认置信差的值。

37. 利用置信差准则得到关联规则，置信差下界为 10，最小支持度为 5%，最小置信度为 5%，最大先行项为 2。显示规则，按提升度降序排序。

38. 从上一个练习中选择提升度第二大的规则。将此规则与先行条件项数 = 1 的最高提升度规则进行比较。

    a. 哪条规则有更好的提升度？

    b. 哪条规则有更大的支持度？

  c. 如果你是一名营销经理，并且只能资助这些规则中的一条，那会是哪条规则，为什么？

39. 利用置信商准则获得关联规则，置信商下界为 30，最小先行条件支持率为 5%，最小规则置信度为 5%，最大先行项为 3。显示规则并按提升度值降序排序。

40. 从上一个练习中选择具有最大提升度的规则。手动确认置信商的值。

  对于下一组练习，我们将验证前面找到的关联规则。使用 AR_Test 数据集。

41. 为每个变量创建表。在每张表中同时包括计数和比例。这些表用于获得各种值的先验比例。

42. 使用 5% 的最小支持率、5% 的最小置信度和最大数量为 1 的先行条件项生成关联规则。显示规则，并按提升度值降序排序。

43. 将上一个练习中获得的规则与基于训练数据集使用相同条件获得的规则进行比较。到此能否说我们的关联规则已经通过了验证？

数据汇总与可视化

在附录 A 中,我们将简要概述数据汇总与可视化的方法。若要更深入地学习相关内容,请参阅:Daniel T. Larose 编著的 *Discovering Statistics,second Edition* 一书(W.H. Freeman,2013)。

第 1 部分 总结 1:数据分析的构成要素

- 描述性统计(descriptive statistics)是指在数据集中对数据进行汇总和组织的方法。考虑表 A.1,我们将用它阐明一些统计概念。
- 收集信息的项目称为元素(element)。在表 A.1 中,元素是 10 个申请人。元素也被称为实例(case)或主题(subject)。
- 变量(variable)是元素的特征,针对不同的元素它呈现不同的值。表 A.1 中的变量包括婚姻状况(marital status)、抵押贷款(mortgage)、收入(income)、等级(rank)、年份(year)和风险(risk)。变量也称为属性(attribute)。
- 特定元素的一组变量值是观察或观测(observation)。观察也被称为记录。申请人 2 的观察结果如下。

申请人	婚姻状况	抵押贷款	收入	收入等级	年份	风险
2	已婚	是	32 000	7	2010	良性

- 变量可以是定性的或定量的。
  - 定性变量(qualitative variable)可以根据某些特征对元素进行分类或归类。表 A.1 中的定性变量包括 marital status、 mortgage、 rank 和 risk。定性变量也称为分类变量(categorical variable)。

表 A.1　10 个贷款申请人的特征表

申请人	婚姻状况	抵押贷款	收入	收入等级	年份	风险
1	单身	是	38 000	2	2009	良性
2	已婚	是	32 000	7	2010	良性
3	其他	不是	25 000	9	2011	良性
4	其他	不是	36 000	3	2009	良性
5	其他	是	33 000	4	2010	良性
6	其他	不是	24 000	10	2008	不良
7	已婚	是	25 100	8	2010	良性
8	已婚	是	48 000	1	2007	良性
9	已婚	是	32 100	6	2009	不良
10	已婚	是	32 200	5	2010	良性

- ◆ 定量变量(quantitative variable)采用数字值，并允许对其进行有意义的算术运算。表 A.1 中的定量变量为 income 和 year。定量变量也称为数值变量。
- ● 数据可根据四种度量级别进行分类：标称、有序、区间和比率。其中，标称和序数数据是分类的；区间和比率数据是数值的。
  - ◆ 标称数据(nominal data)指的是名称、标签或类别。标称数据没有自然排序，也不能对其进行算术运算。表 A.1 中的标称变量是 marital status、mortgage 和 risk。
  - ◆ 有序数据(ordinal data)可以呈现为特定的次序。然而，对有序数据进行算术运算是没有意义的。表 A.1 中的序数变量是 income rank。
  - ◆ 区间数据(interval data)由在没有自然数零的间隔上定义的定量数据组成。可以对区间数据进行加减运算。表 A.1 中的区间变量为 year(请注意，没有"值为 0 的年"，因为日历是从公元前 1 年跳转到公元 1 年)。
  - ◆ 比率数据(ratio data)是可对其执行加法、减法、乘法和除法的定量数据。比率数据存在自然零。表 A.1 中的比率变量是 income。
- ● 取有限或可数数值的数值变量是一种离散变量，这种变量的每个值都可以绘制为一个单独的点，在每个点之间留有空隙。表 A.1 中的离散变量为 year。
- ● 可以取无穷多值的数值变量是一种连续变量，其可能值形成数字轴线上的一个区间，并且点之间没有空隙。表 A.1 中的连续变量是 income。

- 群体(population)是针对特定问题的所有感兴趣元素的集合。参数(parameter)是一个群体的特征。例如，一个群体是所有美国选民的集合，参数是支持每吨碳排放征税 1 美元的人群比例。

  - 参数值通常是未知的，但它是一个常量。

- 样本(sample)是群体的一个元素子集。样本的特征称为统计(statistic)。例如，样本是教室里的一组美国选民，统计值是支持每吨碳排放征税 1 美元的样本人群的比例。

  - 统计值通常是已知的，但它随样本的变化而变化。

- 群体普查(census)是群体中所有要素的信息的集合。例如，本例子中的群体普查将调查每一位美国选民是否支持每吨碳排放征税 1 美元的总体情况。这样的普查是不切实际的，所以我们求助于统计推理。

- 统计推理(statistical inference)是指根据群体样本的特征估计或得出该群体特征有关结论的方法。例如，假设你的教室里有 50%的选民支持这项税收；通过统计推理，我们可以简单推断出 50%的美国选民支持这项税收。显然，这样做是有问题的，包括选取的样本既不是随机的，也不是代表性的；估计缺乏置信水平，等等。

- 当我们抽取的样本选择每个元素的机会都相等时，我们将得到一个随机样本(random sample)。

- 预测变量/自变量(predictor variable)是一种其值用于帮助预测响应变量值的变量。表 A.1 中的自变量包括除风险以外的所有变量。

- 响应变量/因变量(response variable)是一种其值至少部分由自变量集确定的目标变量。表 A.1 中的响应变量是 risk。

第 2 部分 可视化：用于汇总和组织数据的图和表

A.1 分类变量

- 一个类别的频率或计数是每个类别中数据值的数量。分类变量的某个特定类别的相对频率等于其频率除以实例数。

- 分类变量的(相对)频率分布包括变量可能具有的所有类别以及每个类别值的(相对)频率。频率之和等于实例数；相对频率之和为 1。

- 例如，表 A.2 包含针对表 A.1 中数据的 marital status 变量的频率分布和相对频率分布。

表 A.2　频率分布和相对频率分布

婚姻状况的类别	频率	相对频率
已婚	5	0.5
其他	4	0.4
单身	1	0.1
总计	**10**	**1.0**

- 条形图是用于表示分类变量的频率或相对频率的一种图形。请注意，各个条之间互不接触。
  - ◆ 帕累托(Pareto)图是一种条形图，其中各条形按降序排列。图 A.1 是帕累托图的一个示例。

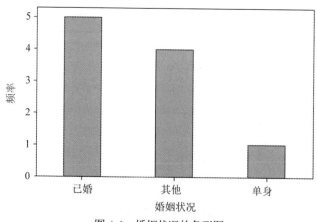

图 A.1　婚姻状况的条形图

- 饼图是一个分为多个切片的圆圈，每个切片的大小与该切片相关类别的相对频率成正比。

图 A.2 显示了婚姻状况的饼图。

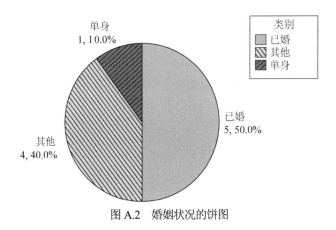

图 A.2　婚姻状况的饼图

A.2　定量变量

- 定量数据按类别分组。一个类别的类下限(上限)等于该类中的最小(最大)值。类别宽度(class width)是连续的类下限之间的差值。
- 对于定量数据，(相对)频率分布将数据划分为类宽度相等的不重叠的类别。表 A.3 显示了表 A.1 中连续变量 income 的频率分布和相对频率分布。
- 累积(相对)频率分布显示小于或等于类上限的数据值(相对频率)的总数(见表 A.4)。

表 A.3　income 的频率分布和相对频率分布

收入的分类($)	频率	相对频率
24 000~29 999	3	0.3
30 000~35 999	4	0.4
36 000~41 999	2	0.2
42 000~48 999	1	0.1
总计	**10**	**1.0**

表 A.4　income 的累积频率分布和累积相对频率分布

收入的分类($)	累积频率	累积相对频率
24 000~29 999	3	0.3
30 000~35 999	7	0.7
36 000~41 999	9	0.9
42 000~48 999	10	1.0

- 变量的分布是一种图表、表或公式，用于指定数据集中所有元素的变量值和频率。例如，表 A.3 表示变量 income 的分布。
- 柱状图(histogram)是定量变量的(相对)频率分布的图形化表示(见图 A.3)。请注意，柱状图代表数据平滑的一种简化版本，因此其形状会根据类别的数量和宽度而变化。因此，应该谨慎地解释柱状图。参见 Daniel T. Larose 编著的 *Discovering Statistics* 一书(由 W.H.Freeman 出版)的 2.4 节，该节给出了一个通过改变柱状图分类的数量和宽度使数据集呈现为对称和向右倾分布的示例。

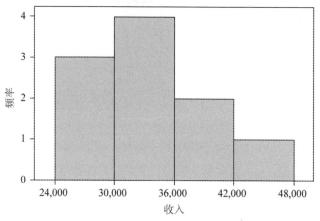

图 A.3　收入的柱状图

- 茎叶图可以显示数据分布的形态，同时在图中保留了(精确或近似的)原始数据值。叶单位被定义为等于 10 的幂，而茎单位是叶单位的 10 倍。因此，每个茎叶图通过茎和叶的组合表示一个数据值。举个例子，在图 A.4 中，叶单位(右栏)为 1000，茎单位(左栏)为 10 000。因此，2 4 表示 2×10 000+4×1000=24 000 美元，而 2 55 代表两个相等的 2.5 万美元的收入(其中一个是准确值，另一个大约为 25 100 美元)。注意，图 A.4 向左旋转 90°表示数据分布的形态。

```
Stem-and-leaf of Income
Leaf Unit = 1000

        2   4
        2   55
        3   2223
        3   68
        4
        4   8
```

图 A.4　income 变量的茎叶图

- 在点图中，每个点代表一个或多个数据值，设置在数字线的上方(见图 A.5)。

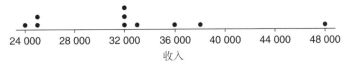

图 A.5　income 的点图

- 如果存在一条对称轴(一条对称线)，将分布分割成大致是彼此镜像的两半，如图 A.6(a)所示，则称该分布是对称的。
- 右倾斜的数据在右侧有比其左侧更长的尾部，如图 A.6(b)所示。左倾斜的数据左侧的尾部比右侧要长，如图 A.6(c)所示。

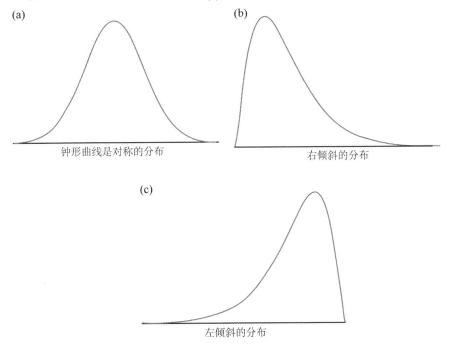

图 A.6　(a)钟形曲线是对称的分布；(b)右倾斜的分布；(c)左倾斜的分布

第 3 部分　总结 2：中心、可变性和位置的度量

- **求和符号**$\sum x$ 表示将所有数据的值 x 相加。样本大小为 n，群体规模为 N。
- **中心度量**表示数据中心部分在数字线上的位置。我们将学习的中心度量指标包括均值(mean)、中值(median)、众数(mode)和中列数(midrange)。
  - ◆　**均值**是数据集的算术平均值。要计算均值，请将所有数据值相加并除以数据值的数目。表 A.1 中的平均收入为：

$$\frac{38\,000 + 32\,000 + \ldots + 32\,200}{10} = \frac{325\,400}{10} = 32\,540\ \text{美元}$$

◆ **样本平均值**是样本的算术平均值，表示为 $\bar{x}$。

◆ **群体平均值**是整个群体的算术平均数，标识为 μ（表示 m 的希腊字母）。

◆ 当数据值的数目为奇数且数据已按升序排序时，中间的数据值称为**中值**。如果数据值数量为偶数，中值则是两个中间数据值的平均值。当收入数据按升序排序时，两个中间值分别为 32 100 美元和 32 200 美元，其平均值即为收入的中值 32 150 美元。

◆ **众数**是出现频率最多的数据值。定量变量和分类变量都可以有众数，但只有定量变量可以有均值或中值。每个收入值只出现一次，所以没有众数。year(年份)的众数为 2010，它出现的频率为 4。

◆ **中列值**是一个数据集中最大值和最小值的平均值。例如，收入的中列值是：

$$\text{midrange(income)} = \frac{(\max(\text{income}) + \min(\text{income}))}{2} = \frac{48\,000 + 24\,000}{2} = 36\,000\ \text{美元}$$

● **偏态和中心度**。以下是反映趋势，而不是严格的规则。

  ◆ 对于对称数据，均值和中值大致相等。

  ◆ 对于右偏数据，均值大于中值。

  ◆ 对于左偏数据，中值大于均值。

● **可变性(变异性)度量**量化数据中存在的变异、扩散或分散的程度。我们将学习的可变性度量指标包括全距(或极差)、方差、标准差以及后来提出的四分位距(IQR)。

  ◆ **变量的全距(range)** 等于变量最大值和最小值之差。收入的全距是：range=max(income) - min(income)=48 000-24 000=24 000 美元。

  ◆ **偏差**是数据值和其平均值之间的有符号差。对于申请人 1，收入偏差等于 $x - \bar{x} = 38\,000 - 32540 = 5460$。对于任何可能的数据集，平均偏差总是等于零，因为偏差之和等于零。

  ◆ **总体方差**是平方偏差的均值，表示为 σ^2（"sigma 的二次方"）：

$$\sigma^2 = \frac{\sum (x - \mu)^2}{N}$$

  ◆ **总体标准差**是总体方差的平方根：$\sigma = \sqrt{\sigma^2}$。

  ◆ **样本方差**近似于平方偏差的均值，分母中的 n 替换为 $n-1$，以使其成为 σ^2 的无偏估计量(unbiased estimator)。无偏估计量是一个期望值等于其目标参数的统计值。

$$s^2 = \frac{\sum (x - \bar{x})^2}{n-1}$$

♦ **样本标准差**是样本方差的平方根：$s = \sqrt{s^2}$。

♦ 方差用单位的平方表示，这是一种对非专业人士来说比较难懂的解释。为此，在上报结果时，最好使用按照原单位表示的标准偏差。例如，收入的样本方差为 $s^2 = \$51\ 860\ 444^2$(美元的二次方)，客户可能不清楚其含义。因此，最好报告样本的标准偏差 $s = \$7201$。

♦ **样本标准偏差(或标准差)** s 被解释为典型偏差的大小，即数据值和平均数据值之间典型差异的大小。例如，收入通常偏离平均值 7201 美元。

● **位置度量**表明数据分布中特定数据值的相对位置。我们在这里讨论的位置度量指标包括百分位数、百分位数排名、Z 得分和四分位数。

♦ **数据集的第 p 个(p^{th})百分位数**是这样一个数据值，使得数据集中 p%的值都等于或低于该数据值。因此，第 50 个百分位数就是中值。例如，收入中位数为 32 150 美元，即 50%的数据值等于或低于该值。

♦ 一个数据值的**百分位数排名**等于数据集中等于或低于该值的所有值的百分比。例如，申请人 1 的收入 38 000 美元的百分位数排名为 90%，因为这是等于或小于 38 000 美元的收入的百分比。

♦ 一个特定数据值的 **Z 得分**表示该数据值高于或低于平均值的标准偏差数。对于一个样本，Z 得分为：

$$Z\ 得分 = \frac{x - \bar{x}}{s}$$

因此，申请人 6 的 Z 得分为：

$$\frac{24\ 000 - 32\ 540}{7201} \approx -1.2$$

申请人 6 的收入低于平均值 1.2 个标准差。

♦ 我们也可以找到给定 Z 得分的数据值。假设不会向收入低于平均值 2 个标准差以上的人提供贷款。在这里，Z 得分 = −2，对应的最低收入是：

income = Z 得分 · s + $\bar{x}$ = (−2)×7201+ 32 540 = \$18 138

收入低于 18 138 美元的申请人不会被批准贷款。

如果数据分布是正态的，则经验法则指明：

大约 68%的数据位于平均值的一个标准偏差之内。

大约 95%的数据位于平均值的两个标准偏差之内。

大约 99.7%的数据位于平均值的三个标准偏差之内。

- ◆ **第一个四分位数(Q1)**是数据集的第 25 个百分位数；第二个四分位数(Q2)是第 50 个百分位数(中值)；第三个四分位数(Q3)是第 75 个百分位数。

- ◆ IQR 是对异常值的存在不敏感的变异性的度量。IQR = Q3−Q1。

在用于检测异常值的 IQR 方法中，如果满足以下条件之一，数据值 x 是异常值：

- ◆ $x \leqslant Q1 - 1.5(IQR)$，或

- ◆ $x \geqslant Q3 + 1.5(IQR)$。

- ● 数据集的五数概括法包括最小值、Q1、中值(中位数)、Q3 和最大值。

- ● 箱线图是一种基于五数概括法的图形，可用于识别对称性和偏斜性。假设对于一个特定的数据集(不是源自表 A.1)，我们有 Min=15，Q1=29，Median=36，Q3=42，Max=47。那么，得到的箱线图如图 A.7 所示。

  - ◆ 箱体覆盖了从 Q1 到 Q3 的数据的"中部二分之一"。

  - ◆ 左边的须线(whisker)向下延伸到不是异常值的最小值。

  - ◆ 右边的须线向上延伸到不是异常值的最大值。

  - ◆ 当左边的须线长于右边的须线时，分布呈左偏斜，反之亦然。

  - ◆ 当须线长度大致相等时，分布为对称的。图 A.7 中的分布表明数据是左偏斜的。

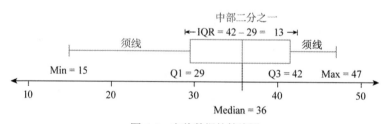

图 A.7　左偏数据的箱线图

第 4 部分　二元关系的总结和可视化

- ● 二元关系(bivariate relationship)是两个变量之间的关系。

- 使用**列联表**概括两个分类变量之间的关系，列联表是两个变量的交叉制表，包含每个变量值组合的单元格(即每个列联)。表 A.5 是变量 mortgage 和 risk 的列联表。"总计"列包含 risk 的边缘分布，即仅针对此变量的频率分布。同样，总计行表示 mortgage 的边缘分布。

- 从列联表中可以了解到很多信息。不良风险(bad risk)的基准比例(baseline proportion)为 2/10＝20%。但是，无抵押贷款的申请人的不良风险比例为 1/3≈33%，该值高于基准值；有抵押贷款的申请人的不良风险比例仅为 1/7≈1%，远低于基准。因此，申请人是否有抵押贷款对于预测风险是有用的。

- **簇状条形图**是列联表的一种图形化表示。图 A.8 显示了按抵押贷款分簇(聚类)的风险(risk)的簇状条形图。注意，这两个组之间的差异是显而易见的。

- 为了概括一个定量变量和一个分类变量之间的关系，我们针对分类变量的各级别计算了定量变量的汇总统计值。例如，Minitab 为收入、不良风险的记录以及良性风险的记录提供了以下汇总统计。所有的汇总指标对于两性分线都有些偏大。这种差异是否显著呢？我们需要进行假设检验来得到该问题的答案(详见第 4 章)。

表 A.5　Mortgage 相对于 Risk 的列联表

Mortgage(抵押贷款)				
		Yes	**No**	**Total(总计)**
	Good(良性)	6	2	**8**
Risk(风险)	**Bad(不良)**	1	1	**2**
	Total(总计)	**7**	**3**	**10**

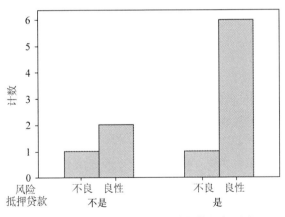

图 A.8　按照抵押贷款分簇的风险的簇状条形图

描述性统计：收入

	Risk	Mean	Std　Dev	Minimum	Median	Maximum
Variable	Bad	28 050	5728	24 000	28 050	32 100
Income	Good	33 663	7402	25 000	32 600	48 000

- 为了可视化定量变量和分类变量之间的关系，可以使用一个**单值图**，它本质上是一组垂直的点图，对应分类变量中的每一个类别。图 A.9 给出了收入相对于风险的单值图，显示出良性风险的收入往往更大。

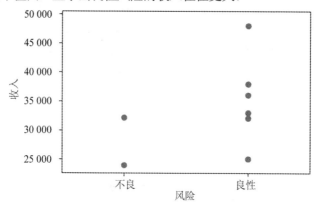

图 A.9　收入相对风险的单值图

- **散点图**用于可视化两个定量变量(x 和 y)之间的关系。每个点(x, y)绘制在笛卡儿平面上，其中 x 轴在水平面上，y 轴在垂直面上。图 A.10 给出了八个散点图，显示了变量之间的一些可能的关系类型，以及相关系数 r 的值。
- **相关系数** r 量化了两个定量变量之间线性关系的强度和方向。相关系数定义为：

$$r = \frac{\sum (x - \bar{x})(y - \bar{y})}{(n-1)s_x s_y}$$

其中，s_x 和 s_y 分别代表 x 变量和 y 变量的标准偏差。 $-1 \leqslant r \leqslant 1$。

  - 在数据挖掘中，如果有大量记录(超过 1000 条)，即使是很小的 r 值，如 $-0.1 \leqslant r \leqslant 0.1$，也可能具有统计意义。
  - 如果 r 为正且显著，我们认为 x 和 y 是正相关的。x 的增加与 y 的增加相关联。
  - 如果 r 为负且显著，我们认为 x 和 y 是负相关的。x 的增加与 y 的减少相关联。

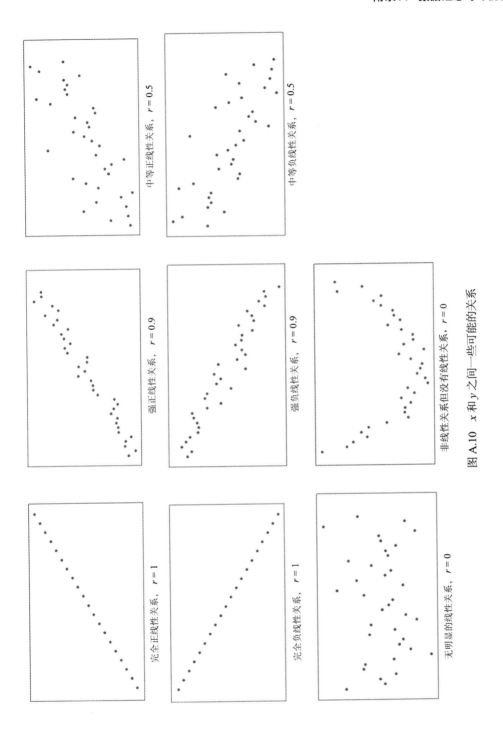

图 A.10　x 和 y 之间一些可能的关系